服装的热防护功能

朱方龙　著

中国纺织出版社

内 容 提 要

《服装的热防护功能》介绍了国内外热防护服研究现状、发展趋势及热防护服设计的相关知识,并提出了当前热防服研究现存的问题。

结合热防护服研究特点,本书从实验和模型两方面具体阐述了热防护服设计的相关知识,包括服装防热测试装置、测试原理与测试方法,服装热防护功能预测模型及实验数据分析。在上述实验与模型分析的基础上对多层热防护服装进行配伍优化设计;对相变材料在热防护服装上的应用进行了一些有益的探讨和实践。

本书所述模型可为个体防护装备的热工效优化设计提供一定的理论基础,形成的实验方法对相关的热防护服测试设备的开发具有重要的参考意义和实用价值。本书适合于服装工程、纺织工程、材料工程等专业师生以及相关领域的实际工作者参考使用。

图书在版编目(CIP)数据

服装的热防护功能/朱方龙著 . -- 北京 : 中国纺织出版社,2015.10

ISBN 978 - 7 - 5180 - 1990 - 8

Ⅰ . ①服… Ⅱ . ①朱… Ⅲ . ①防热服—研究 Ⅳ . ①TS941.731

中国版本图书馆 CIP 数据核字(2015)第 221384 号

责任编辑:张思思   责任校对:王花妮
责任设计:何 建   责任印制:何 建

中国纺织出版社出版发行

地址:北京市朝阳区百子湾东里 A407 号楼   邮政编码:100124

销售电话:010—67004422   传真:010—87155801

http://www.c-textilep.com

E-mail:faxing @ c-textilep.com

中国纺织出版社天猫旗舰店

官方微博 http://weibo.com/2119887771

北京通天印刷有限责任公司印刷   各地新华书店经销

2015 年 10 月第 1 版第 1 次印刷

开本:710×1000   1/16   印张:12.75

字数:221 千字   定价:45.00 元

前　言

在各类火灾等热灾害频发的今天,防灾、救灾的重要性日益突出。在救灾灭火过程中,保障消防等救援人员的人身安全是开展应急救援工作的前提,而研发应急救援人员穿着、具有优良阻燃隔热功能的热防护功能服装装备就显得尤为迫切。热防护功能服装性能研究是近些年来国内开展的新领域,也是一个前沿课题,能够满足"国家安全生产发展计划"中应急救援关键装备技术的要求。

在各类防护服装中,热防护功能服装是应用最为广泛的品种之一,它是指在高温环境中穿用的、能促使人体热量散发、防止热中暑、烧伤和灼伤等危害的个体防护装备,其作用是保护人体不受各种热的伤害,如对流、传导热、辐射热、熔融金属溅射以及热蒸汽或热气体的伤害。

本书试图在总结过去研究工作的基础上阐述热防护功能服装的基本概念、新型测试方法、服装热防护性能预测模型,并对新型材料在热防护功能服装上的应用作了一些探讨。全书分为七章,第一章是对热防护功能服及装备的相关基础知识的介绍,是全书的铺垫;第二章介绍了热防护服热防护性能 TPP 的测试方法,并自行设计开发了"圆筒形"热防护性能测试装置;第三章介绍了 TPP 热流计测试原理并分析评价了皮肤烧伤过程;第四章测试分析了热防护服用织物的传热学性能,包括导热系数和热辐射系数,并对导热系数进行了非线性分型预测;第五章构建了热防护服热防护性能数学预测模型,采用模型方法分析了模型参数;第六章为防水透湿复合膜织物在热防护功能服上的应用实践;第七章为相变材料在热功能防护服上的阻燃封装应用。本书以"实验测试方法——预测模型——应用实践"为框架进行编写,希望能在今后研究的基础上不断更新,不断补充相关热防护服的新知识、新理论、新方法,也希望通过本书的"抛砖引玉",推进个体防护服的研究。

本书涉及的研究工作得到了 NSFC – 河南省联合基金(U1304513)、公安部灭火救援重点实验室基金的资助以及其他省部级课题的支撑,特此向支持和关心作者研究工作的所有单位和个人表示衷心的感谢。作者还要感谢支持本项工作的师长、同仁的帮助和支持;感谢出版社编辑为本书出版付出的辛勤劳动。书中有部分内容参考了其他单位或学者的研究成果,均已在参考文献中列出,在此一并感谢。

由于《服装的热防护功能》所追求的目标是研究阻燃防护系列服装的热防护性能TPP新型测试分析方法、模型预测，并首次提出相变材料在热防护服的阻燃封装应用，这给撰写本书增加了难度。同时加上作者水平有限，虽经几次改稿，书中错误和缺点仍在所难免，欢迎广大读者批评指正。

朱方龙

2015 年 8 月

目　录

第一章　绪论 …………………………………………………………… 1

第一节　热防护服分类概述 ……………………………………… 2

一、消防服 ……………………………………………………… 2

二、蒸汽热防护服 ……………………………………………… 5

三、电弧防护服 ………………………………………………… 8

四、防熔融金属飞溅防护服 …………………………………… 8

五、热辐射防护服 ……………………………………………… 9

六、防液体喷溅防护服 ………………………………………… 10

第二节　人体皮肤结构及烧伤等级 ……………………………… 13

一、皮肤结构和热属性 ………………………………………… 13

二、皮肤烧伤过程 ……………………………………………… 14

三、皮肤烧伤分类 ……………………………………………… 14

四、皮肤温度预测 ……………………………………………… 15

五、皮肤烧伤度预测 …………………………………………… 17

第三节　热防护服传热模型回顾 ………………………………… 22

一、托尔维(Torvi)"织物—空气层—铜片热流计"系统传热模型 …… 22

二、吉布森(Gibson)热湿传递多相模型 ……………………… 23

三、梅尔(Mell)消防服传热模型 …………………………… 24

四、其他模型 …………………………………………………… 24

第四节　本章小结 ………………………………………………… 25

第二章　热防护功能服阻燃与热防护性能测试方法 ……………… 31

第一节　织物与服装阻燃性能测试方法 ………………………… 32

一、燃烧试验法 ………………………………………………… 32

二、极限氧指数法 ……………………………………………… 32

三、烟密度箱实验法 …………………………………………… 33

四、热分析法 ………………………………………………………………… 33

五、锥形量热仪法 …………………………………………………………… 34

第二节 一维平面热防护测试装置 ……………………………………………… 35

一、ASTM D 4108 明火法测试防护材料的热防护性能 …………………… 35

二、NFPA 1971 建筑结构防火用防护装备 ………………………………… 36

三、NFPA 1977 防野火用防护服与装备——热辐射防护性能性测试方法 … 37

第三节 圆筒形热防护测试装置 ………………………………………………… 38

一、国外圆筒测试装置 ……………………………………………………… 38

二、耐高温圆筒热防护测试装置研制 ……………………………………… 39

第四节 "火人"测试装置 ……………………………………………………… 46

一、国外服装热防护性能"火人"测试方法 ……………………………… 46

二、国内服装热防护性能"火人"测试方法 ……………………………… 47

第五节 本章小结 ………………………………………………………………… 48

第三章 TPP 热流计测试过程与皮肤烧伤评价分析 …………………………… 52

第一节 热流计测试过程分析 …………………………………………………… 52

一、TPP 铜片热流计测试数据分析 ………………………………………… 52

二、皮肤模拟器测试数据分析 ……………………………………………… 54

三、TPP 铜片热量计与皮肤模拟器测试温度比较 ………………………… 56

第二节 非恒定热流量下皮肤温度变化 ………………………………………… 57

一、Pennes 一维皮肤传热模型 …………………………………………… 57

二、考虑皮肤组织温度振荡效应的皮肤传热模型 ………………………… 59

第三节 皮肤烧伤度确定方法 …………………………………………………… 61

一、铜片热流计 ……………………………………………………………… 61

二、皮肤模拟传感器 ………………………………………………………… 61

第四节 本章小结 ………………………………………………………………… 63

第四章 热防护服用织物传热性能测试与分析 ………………………………… 65

第一节 防护织物的热传导机理及测试方法 …………………………………… 65

一、纺织隔热材料的导热机理和导热系数 ………………………………… 65

二、国内外对服用织物有效导热系数的研究 ……………………………… 66

第二节 高温辐射环境下织物导热系数的实验研究 …………………………… 67

一、测量导热系数的理论分析 ················· 69

二、改进单板分析方法 ····················· 72

三、测试装置的结构及控制系统 ············· 73

四、试样 ····························· 75

五、实验误差分析 ························ 75

六、实验控制和调试 ····················· 77

七、实验结果及分析 ····················· 78

第三节　织物热辐射系数测试 ················· 81

第四节　热防护织物导热系数分形理论模型 ········· 84

一、机织物中纱线的分形几何结构 ··········· 84

二、有效导热系数的分形模型 ············· 88

三、多层织物有效导热系数分形模型的实验验证 ··· 91

四、结论 ····························· 92

第五节　本章小结 ························· 93

第五章　服装的热防护功能预测模型 ············· 98

第一节　热防护服装传热模型 ················· 98

一、防护服传热模型 ····················· 99

二、防护服热传递模型的初始条件和边界条件 ··· 100

三、热辐射对织物作用分析 ··············· 103

第二节　服装层下微小空间的能量热递 ··········· 106

一、圆筒形微小空气层对流换热量的计算 ····· 107

二、微小空气层辐射换热量的计算 ··········· 107

第三节　皮肤（模拟器）传热模型及皮肤烧伤模型 ····· 108

一、皮肤传热方程 ····················· 108

二、皮肤模拟器传热方程 ················· 110

三、皮肤烧伤积分模型 ··················· 111

第四节　热防护服传热模型中的面料性能参数分析 ····· 111

一、服装面料试样 ····················· 111

二、服装面料厚度 ····················· 111

三、服装面料密度 ····················· 112

四、服装面料有效导热系数 ··············· 112

五、服装面料比热及热裂解温度 ··· 113

六、服装面料透射系数与辐射系数 ··· 114

七、模型用织物参数小结 ··· 115

第五节 模型求解、验证及精确检验 ··· 116

一、模型的数值求解 ··· 116

二、数值模型的验证 ··· 118

三、模型预测精度检验 ··· 121

第六节 模型参数分析 ··· 123

一、织物厚度 ··· 123

二、面料导热系数 ··· 125

三、比热 ··· 127

四、辐射率 ··· 129

五、透射率 ··· 130

第七节 本章小结 ··· 131

第六章 应用于热防护服的复合膜织物 ··· 134

第一节 复合膜的研究现状及在热防护服上的应用现状 ···························· 134

一、复合膜的研究现状 ··· 134

二、复合膜在热防护服上的应用现状 ·· 135

第二节 自主研发防水透湿复合膜 ··· 136

一、实验 ··· 136

二、结果与讨论 ··· 139

第三节 电阻法模拟膜透湿机理 ··· 143

一、建立理论模型 ··· 144

二、实验验证 ··· 147

三、实验结果与分析 ··· 150

四、小结 ··· 153

第四节 自主研发复合膜在热防护服上的应用可行性分析 ·························· 154

一、热防护性能的探讨 ··· 154

二、阻隔防护性能的探讨 ··· 154

三、实验验证 ··· 155

第五节 本章小结 ··· 157

第七章　相变材料在热功能防护服上的应用 ·· 160

第一节　相变材料在热功能防护服中的应用及可行性分析 ···················· 160

　一、相变材料应用于热功能防护服的研究现状 ································ 160

　二、热功能防护服用石蜡类相变材料封装方法及阻燃处理 ·········· 164

　三、相变材料抑制热功能防护服层内温度突变的可行性 ·············· 166

　四、相变材料应用于热功能防护服的研究趋势与重点 ·················· 168

　五、结论 ··· 170

第二节　基于模型法的相变材料在多层防护服内的配置方式 ················ 170

　一、数学模型 ··· 171

　二、实验 ··· 172

　三、结果与讨论 ··· 174

　四、结论 ··· 178

第三节　相变微胶囊材料在热防护服上的应用 ································· 178

　一、实验选材 ··· 179

　二、实验测试 ··· 179

　三、实验测试结果及分析 ·· 180

第四节　形状稳定型相变材料在热防护服上的应用 ···························· 181

　一、形状稳定型相变调温背心的应用前景 ································· 181

　二、材料选择 ··· 182

　三、制作过程 ··· 183

　四、实验设计与结果分析 ·· 185

第五节　本章小结 ·· 186

第一章 绪论

在各类防护服中,热防护服是应用最为广泛的品种之一。热防护服是指在高温环境中穿用的、能促使人体热量散发、防止热中暑、烧伤和灼伤等危害的个体防护装备,其作用是保护人体不受各种热的伤害,如对流、传导热、辐射热、熔融金属溅射以及热蒸汽或热气体的伤害。热防护服不仅具有普通防护服的服用性能,更必须具备在高温条件下对人体进行安全防护的功能。热防护服的热防护性能取决于热防护服的使用场合和使用环境,包括中温和高温强热流环境,同时热防护性能也与热量传递的方式有关。

热防护服的防护原理主要是降低热转移速度,减少热在人体皮肤上的积聚,从而保护皮肤不被烧伤或灼伤,因此防护服不仅要求其阻燃性好,且具有高的隔热性能。在高温环境下,皮肤可能会受到以下热危险:火焰(对流热);接触热;辐射热;火花和熔融金属喷射物、高温气体和热蒸汽、电弧所产生的高热等。热源中的火焰、高温气体、热蒸汽是以热对流方式传递热量,接触热、火花和熔滴金属是以热传导方式传递,而辐射热则以热辐射方式传递。因此,防高温、消防服等热防护服须满足以下要求:阻燃(不能续燃而成为危险因素);质量完善可靠(受热不收缩、不熔融、不放出有害气体或形成烧焦炭化等);绝热(阻止热传递);防液体渗透(防止油、溶剂、水或其他液体渗透)。

热防护服能防止辐射热的侵入,促进汗液的挥发,增进体热散发。铠甲式工作服、铝箔工作服较常用,但防热效果有限,穿着时人体感到闷热,因此,应正确选择防护服及服装层数,使各层配伍性达到最佳,既能达到阻燃隔热,又能使人穿着舒适。

热防服是随着时代的变化而发展的。从防护性能考虑,必须具有耐火性、耐热性和隔热性,还须具有防撕裂性,防止锐利物体的冲击、碰撞等。此外,还要具备能够阻止化学物品对皮肤的伤害的性能。从作业效率方面考虑,作业人员要有活动余地,热防护应尽量选用伸缩性能良好的材料,结构设计合理,穿脱方便。

目前,热防护服大致可分为两种结构:一种是上下分身式,另一种是上下连体式,二者各有利弊。上下分身的热防护服的优点是安全性高、容易活动、不易沾湿、防水性好、耐寒性好、功能和外观好。缺点是散热性差、体热不易排出、造价高、衣体重;上下连体式热防护服的优点是散热性高、体热容易排出、造价低。缺点是安全性稍差、活动不方便。

热防护服装的总发展趋势是全面防护,实现由单一危险因素防护到多种危害因素的综合防护,由强调防护性向重视人体工效学特征与舒适性的转变。主要体现在三个方面:一是服装材料的高性能化;二是新型材料开发技术的发展;三是织物复合及后整理加工技术的不断成熟。

第一节　热防护服分类概述

在热防护服的实际应用中,针对不同的使用目的和使用环境,对热防护性能和其他性能的要求也不同。在热防护服的性能研究中,既要注重热防护服性能要求的全面性,即热防护服同时具备良好的热防护性能、服用性能和穿着舒适性能,又要根据各类热防护服的不同用途,在其性能要求上有所侧重,结合不同的使用环境增加或增强热防护服在某些性能方面的要求,使热防护服的性能要求进一步趋向全面、合理。本节主要围绕热防护服的常见品种进行叙述和展开。

一、消防服

消防服作为消防队员的重要防护装备,其作用是保护消防队员在灭火抢险作业时免受火焰、炽热物体、热蒸汽对流、辐射和热传导对人体造成的伤害,从而保护消防队员的人身安全。

(一)消防服的研究进展

从 20 世纪 80 年代开始,世界一些发达国家开始对防护服装的性能进行研究,经过几十年的发展,消防服的性能有了很大的改善和提高。克拉斯尼(Krasny)分析研究了消防服用织物应该具备的性能和需满足的要求,维迪(Veghte)讨论了消防服设计中应特别注意的一些问题,譬如火灾环境的复杂多样性,皮肤的烧伤,消防员作业中的热应激等。福奈尔(Fornell)讨论了消防服在使用方面的一些重要问题,如消防服的合体性、初步探讨了消防服上衣和裤子连体设计的防护性能和服用性能。罗特曼(Rotmann)总结了消防服的发展现状,提出了消防服需要改进的地方。在这些学者研究的基础上,国际标准化组织、美国国家标准研究院建筑与火灾研究实验室、美国消防协会都分别制定了相关的标准,对热防护服面料的性能、防护服层数、尺寸号型标准、款式设计要求、防护性能要求、标志要求及各性能的测试做了详尽的规定。

消防服通常分为三层构造,由外及内分别是阻燃层、汽障层和隔热层。图 1 - 1 是典型消防类热防护服多层结构示意图。需要指出的是,蒸汽阻挡层能使消防队员不受蒸汽或有毒化学物的伤害,但它却阻挡了人体汗液的蒸发并使热债上升,这可能使消防队员健康和安全受到威胁。因此,美国消防服中常用蒸汽阻挡层,而在一些欧洲国家却被摒弃不用。

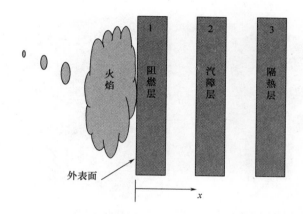

图 1 - 1　消防战斗服装典型三层结构示意图

与国外相比,我国消防服的研究起步较晚,在其开发、设计、生产和性能测试评价等方面尚未形成系统的标准和方法。我国消防服的发展主要经历了四个阶段:1985 年之前的纯棉帆布制服;1985 年后替代的 85 型阻燃棉防护服,其结构分两层,外层为黄绿色阻燃棉织物,内层采用纯棉绸,并经阻燃、防水、拒水处理,其透气性能良好,但不耐洗涤,强力较低;94 型消防战斗服在 85 型基础上增加了缀钉反光标志带,其款式、结构、颜色与 85 型相同;97 型消防战斗服在 94 型的基础上,参照国际相关标准,采用四层构造,由外及内构成分别是:外层、防水透汽层、隔热层和舒适层。外层采用具有较高阻燃性的本质型阻燃纤维(如 Nomex®ⅢA、芳纶、PBI、Kevlar、芳砜纶等),耐高温且防穿刺;防水透汽层多采用微孔膜织物,如美国 Gore 公司的聚四氟乙烯薄膜,阻挡外界高温液滴侵入,同时排出人体汗气,以防消防员出现中暑、热应激等影响作业效率的情况发生,保障消防作业人员的人身安全不受威胁;隔热层主要采用针刺无纺方法加工的阻燃黏胶、碳纤维毡或其他本质型阻燃毡材料;舒适层多为阻燃棉布或汗布。

值得一提的是,公安部上海消防研究所承担的公安部技术研究项目《新一代轻质高效消防员灭火防护服研制》取得了消防服新的研究成果。该项目针对如何保证消防员防护服重量轻、吸水少,提高穿着散热性和舒适性问题,将不同层次的材料(如防水透汽层和隔热层)复合在一起形成单层材料层,降低重量和吸水效果,进一步研制出具有三层结构的新一代消防灭火防护服。

消防服款式结构方面则主要分为上下连体与上下分体两种形式。分体结构的消防服的优点是运动方便,但是热量容易通过开缝进入人体造成烧伤;连体结构的特点是:封闭性较好,但易造成热蓄积。国内市场上常见的消防服结构如图1-2所示。

(a)多层分体式消防服　　　　　　　　(b)单层连体式消防服

图1-2　国内常见的消防服结构

(二)消防服的测试标准及测试方法

美国、欧洲等西方发达国家对消防服的研究和开发较早,目前已制订并实施了一系列先进和完善的消防服产品标准和测试方法。现在,国际上采用的主要有 ASTM(美国试验与材料协会)、NFPA(美国国家防火协会)、EN(欧盟)所制订的测试方法。如 ASTM D4108-87 服装材料热防护性能、TPP(Thermal Protective Performance)明火测试方法、ASTM F 1930-00 Thermo-man® 铜体火人测试方法、NFPA1971 多层结构消防服标准、NFPA1977 野外森林灭火防护服或装备的热辐射防护性能、ISO 9151 消防服阻燃及隔热性能测试标准等。我国现在采用的标准主要是公安部消防研究所颁布的 GA10-2014 消防员灭火用防护服,GA633-2006 消防员抢险救援防护服、GA634-2006 消防员用隔热防护服。在这些测试方法中,都比较详细地规定了消防服的阻燃性能、隔热性能、完整性和抗液体透过性的评价标准,可以比较全面地反应和评价消防服的综合热防护性能。

(三)消防服热防护性能的影响因素分析

针对消防员作战环境的多样性和复杂性,一些学者对可能会给消防服的性能造成影响的因素进行了探讨分析。戴(M. C. Day)等模拟了长时间暴露在氙弧灯和热箱下织物性能的变化,并和原织物进行了比较分析,分析研究的结果显示光和热作用能够降低织物的强度,但对织物的阻燃和热防护性能的影响不明显。布莱恩(Bryan)和汉普顿(Hampton)等研究了存在化学物质的情况下织物强度的变化,发现某些化学物质对织物强度的影响是可测的,并且通过对热量计的对比可以测定出织物在化学物质中暴露的时间。消防员的热应激与防护服内部水分的转移密切相关,齐默利(Zimmerli)研究了在消防服内的水分对消防服内部热量传导过程的影响。另外一些学者则从生理角度测试对比了消防员穿和不穿防护服时做各种运动时的心率和体温。弗里姆(Frim)等通过实验发现消防员身着不同结构和防水透汽层的消防服时,其生理耐热参数有很大的差异。哈克(Huck)和麦卡洛(McCullough)将火人模型测试的数据与消防员的主观感受结合起来评价防护服在实际使用中的效果。维迪(Veghte)测试了在实验室制造的各种极限条件下,身着防护服消防员的热生理反应。

一般来说,在影响消防服的热防护性能的各项因素中,服装的厚度是决定其防护水平的重要因素,一般来说,厚度越厚,其防护性能越好;然而,越厚重的服装会阻碍人体汗汽的散发,会大大降低消防员的作业效率,可能会造成人体的热中暑。另外,从某种程度来说,服装的整体厚度影响人体热舒适性的程度要大大高于组成该服装的纤维种类。

二、蒸汽热防护服

蒸汽防护也是热防护的一种,防护热源是高温热蒸汽,它不同于前面的火场消防安全防护。高温蒸汽环境中,热量传递的主要方式是热对流,当蒸汽与防护材料未接触时有热辐射,接触后则有热传导,因此,蒸汽防护是对对流、传导、辐射的综合防护。蒸汽热防护服装是对高温蒸汽环境下的从业人员进行安全防护、避免其被高温热蒸汽伤害的一种个体防护装备。

(一)蒸汽防护服的性能要求

蒸汽防护服装需具备防蒸汽透过性能、耐高温性能和隔热性能等。防蒸汽透过性能是指能够防止热蒸汽在自身压力或外界压力下穿透服装的性能。蒸汽一旦透过服装,将直接对人体造成伤害。耐高温性能是指服装在高温热蒸汽环境下,能够保持织物原有的外观形态,内在质量不降低,不会发生熔融、收缩和脆化断裂等。隔热性是指防护服必须具备较好的热减缓和阻止热量传递的性能。具有良好隔热性的防护服能为穿着者在外界高温蒸汽和人体之间提供一道保护屏障,使外界热量难以通过服装,从而为穿着者提供安全防护。

优良的蒸汽防护服还须具备防断裂、防撕破、耐磨等服用功能。在此基础上,力求达到功能性和舒适性的综合平衡。

(二)蒸汽防护服的研究现状

国外为提高高温蒸汽环境下工作人员的安全系数,很早就开始进行蒸汽防护服的研究。其中,美国、法国、日本在这方面的研究成果较为显著。

1. 美国杜邦(Dupont)蒸汽防护服装

美国杜邦公司于 1994 年开发了一种由 Nomex 织物、Sontara 仿丝织物夹芯、Kevlar/Nomex 混纺织物以及蒸汽阻挡膜等多层材料复合而成的民用蒸汽防护服装。该套蒸汽防护服装能全部遮盖身体,头巾、围嘴很长,能遮住胸部,有利于护颈;手套袖筒较长,能覆盖袖口,有利于护腕;另外,还安装有旋风冷却系统,增加整套服装的穿着舒适性。适用于发电厂蒸汽轮机工作人员、蒸汽管道检修人员和仪表安装人员使用。

2. 美国海军蒸汽防护服装

美国海军为潜艇装备了全套蒸汽防护装备,使工作人员能够安全进入充满蒸汽的潜艇舱室实施紧急修理或人员救援。整套装备由蒸汽防护服[图 1-3(a)]、隔热头套[图 1-3(b)]、蒸汽防护手套[图 1-3(c)]和蒸汽防护靴 4 部分组成。服装内必须配备连体消防服并佩戴自携式呼吸器,以配合蒸汽防护服同时使用。

 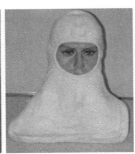 

(a)美国海军蒸汽防护服 (b)美国海军隔热头套 (c)美国海军蒸汽防护手套

图 1-3 美国海军蒸汽防护装备

3. 日本过热蒸汽防护服

日本专利 JP20079380 于 2007 年 1 月 18 日公开了一种过热蒸汽防护面料和由该面料制成的过热防护服。该套服装能耐受 180℃ 过热蒸汽,防护时间可达 10min 以上。蒸汽防护复合面料由表面层、中间层和衬里层组成,如图 1-4 所示。图 1-5 是采用该面料制作的过热蒸汽防护服,由连体服和防护帽组成,连体服由裤子和上衣组成,有两袖口、两裤脚口和后背穿脱直开口共计 5 个开口,这些开口处用注塑拉链和拉链盖或内侧缝制松紧带的方式形成无缝隙结构,缝制时形成的针孔用耐热性防水剂堵死,这样就可防止过热蒸汽由上部、下部和针孔侵入。

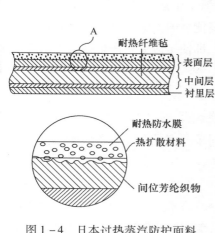

图1-4 日本过热蒸汽防护面料

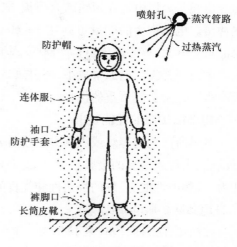

图1-5 过热蒸汽防护服

4. 法国蒸汽防护研究

法国为保护海军工作人员特别是核潜艇工作人员,避免其意外暴露在热蒸汽中造成危害,在法国海军医学研究所建立了蒸汽实验室,通过搭建一系列特殊试验设备来研究热蒸汽暴露对人的热生理影响,从而可以评价纺织品和防护服装的蒸汽防护能力,以此来满足法国海军的蒸汽防护需求,保护法国海军工作人员免受意外蒸汽暴露造成的伤害。研究表明:同种厚度情况下,不透汽织物比透汽织物能更有效地限制蒸汽的热传递。开始暴露于蒸汽喷射环境时,透汽织物因为水分的凝聚、分散和织物对水分的吸收散热可能有热流量峰值。对透汽织物进行涂层处理后此现象消失;材料越厚,它的热防护性能越好,但存在最大值。在织物里侧增加同样厚度的材料,不透汽织物复合材料的防护性能更好;服装和织物的蒸汽防护性能存在一致性。具有一定厚度、多层、不透汽的服装能够提供理想的蒸汽防护;服装的松紧程度对防护性能也有影响。宽松式裁剪使服装和皮肤之间的空气层变厚,则更有利于蒸汽防护。

5. 我国的蒸汽防护服装研究现状

目前,我国对人体暴露于热蒸汽的生理变化及对蒸汽灼伤后的医学处理研究较多,但对蒸汽防护服的研究还处于初级阶段,主要有海军医学研究所的张富丽针对芳砜纶复合材料的蒸汽防护性能进行了探索性的研究,而服装的蒸汽防护机理、织物及服装的蒸汽防护性能仿生模拟评价等方面的研究还有待深入。

三、电弧防护服

电弧是高压电器在短路或介质被击穿情况下的瞬间放电,将产生巨大的热量和热冲击。电弧产生的能量可高达 8～60MW。电弧发生速度快,持续时间短,产生的总能量非常大,核心温度可达 2000℃,短时间内高能量的聚集会对电弧界面附近的工人产生致命伤害。电弧事故中,辐射热高达 90%,即使事故中只产生一点火焰或根本没有火焰也会引起严重的伤害。

(一)电弧防护服的性能要求

电弧所产生的爆炸或震荡力会使日常衣服崩裂开,使工作人员的身体直接暴露于高热、火焰或熔滴的金属当中,因此防电弧面料要具备很好的热防护性能,抗爆裂能力,抗静电性能、良好的舒适性和优良的耐用性。

(二)电弧防护服的研究现状

在防电弧方面,1981 年拉尔夫·李(Ralph Lee)发表电弧危害计算方法;1986 年杜邦实行电弧个人防护设备(PPE)计划;1994 年,美国职业健康与安全组织发布电弧防护要求 OSHA 1910.269(1994);1995 年,美国国家防火协会在 NFPA70E 标准中确定了电弧分级标准(1995);1996 年,杜邦开始发行电弧相关研究报告;1997 年,杜邦开始发布电弧防护服相关研究报告;美国材料试验协会(ASTM)颁布电弧防护装备 PPE 测试标准(1997);2002 年,美国电力规范(NEC)要求提供电弧危害警示标签;电子和电机工程协会(IEEE)1584 授权使用电弧计算方法;2004 年,美国国家防火协会 NFPA 70E 发布(04 版);NFPA 70E 对电弧危害的防护进行了系统性的介绍,包括如何进行电弧危害分析,如何确定电弧防护所用界面以及最后如何选择合适的电弧防护服;2006 年,杜邦研制出新一代电弧防护面料。

防电弧的标准主要有:ASTM F1959 面料电弧火焰性能的标准测试方法;ASTM F2178-06 防电弧面罩产品的电弧级别和标准规格的测试方法;IEC 61482-1-1 带电作业防护服-防电弧热损伤;IEC 61482-1-2 带电作业防护服-防电弧热损伤;IEC 61482-2 带电作业防护服-抗电弧热损伤;ASTM F1958 用人体模型模拟在电弧暴露情况下非阻燃面料的可燃性的标准测试方法;ASTM F1506 暴露于瞬时电弧和有关热力危害中的电工穿着的阻燃防护服所采用的纺织品材料的性能标准规范。

四、防熔融金属飞溅防护服

防熔融金属飞溅防护服主要应用在焊接行业,它是焊接(包括熔融切割)作业必备的个人防护装备。在焊接过程中,飞溅的金属熔滴、火红的熔渣、灼热的焊件等都会造成人员烫伤。焊接防护服必须考虑到对焊接这一独特工艺进行有效防护。焊接过程中的最大危害不在于明火的产生,而在于熔滴金属滴的冲击,四散飞溅的熔滴金属滴凝固释放的潜热会透过服装而渗入皮肤造成局部严重灼伤。因此,防熔融金属飞溅防护服应具备良好的抗熔融金属冲击性能、阻燃性能、热防护性能、舒适性能和耐用性能。

国外防熔融金属飞溅产品的标准有:EN348－1992 防护服材料抗熔融金属少量喷溅影响的性能测定;EN 373 材料受到熔化金属飞溅物碰触后的阻燃特性;BS EN 470－1 焊接操作过程中操作工身着的防护服阻燃标准;BS EN ISO 11611－2000 焊工及其相似场所防护服;ISO 9150：1988 防护服防熔融金属飞溅物性能测试;ISO 9185：1990 防护服材料抗金属溶液穿透性的评定。

我国的相关标准主要有:GB15701－1995 焊接防护;GB/T 17599－1998 防护服用织物防热性能、抗熔融金属滴冲击性能的测定;2007 年修订的 GB 8965.2 防护服装阻燃防护第 2 部分:焊接服;GB8965.1－2009 焊接防护服,标准中热防护性能采用了 TPP 测试,A 级要求皮肤直接接触的面料 $TPP \geq 126KW \cdot S/m^2$,皮肤与服装有间隙的面料 $TPP \geq 250KW \cdot S/m^2$。对熔融金属的防护测试标准要求是织物背面的传感器温升 40℃时,熔滴数需大于 15 滴。

五、热辐射防护服

热防护服的实际应用中,辐射热是造成受害者伤害的主要传热形式之一,即使是具有火焰的燃烧,其能量中也可能包括高达 80% 的热辐射。在热防护服防热辐射性能的测试中,常将织物垂直暴露在辐射热源下,在规定的距离内,热源对织物试样进行热辐射,在规定时间内通过织物试样的热通量可反映试样的防热辐射性能。通过织物试样热通量的大小可由织物试样背面的温度高低来表示,温度越高,表示通过织物试样的热通量越大,织物的防热辐射性能越差;反之,织物的防热辐射性能越好。也可通过测定造成织物背面人体皮肤二度烧伤所需要的时间来评价织物的防热辐射性能。

织物防热辐射性能与织物重量、厚度、密度以及织物表面状况有直接关系。除了织物材料本身的隔热性能外,提高织物的厚度和紧度,降低织物的透气性将有利于织物防热辐射性能的提高。此外,热辐射防护服面料通常采用表面涂铝、高表面反射率的织物,或者采用导电性和树脂整理相结合的织物,能更好地防护辐射热。在辐射热防护服中,涂铝织物比相应的不涂铝织物效果好,但涂铝织物不适于有火舌存在场合的热防护,如进入火区;但适用于当灭火者与火区有一定距离时热辐射防护。

六、防液体喷溅防护服

从家庭到工业范围内,许多职业从业人员可能时常遭受高温液体喷溅的灾害。例如:热水管道的破裂;烹饪以及食品加工过程中,高温食用油飞溅;石油化工等行业液体的喷溅等,这些高温液体飞溅物可以迅速的穿透服装并释放大量的热量,严重地破坏人体皮肤组织,造成严重的事故。实际工作环境中,着装者遭受的高温液体的种类、温度、流量、压力、面积与液体的冲击角度复杂多变,传统的热防护服很难提供有效的高温液体飞溅的防护。因此,理解高温液体防护性能的防护机理和影响因素,开发研制系统的防液体喷溅的高性能防护服刻不容缓。

(一)高温液体喷溅热防护的研究现状

目前,常用的标准为美国的 ASTM F 2701 防护服装用材料接触高温液体飞溅物时热传递性能测试标准。该测试标准可以判断在可控的高温液体飞溅物暴露下,是否有足够的热量通过防护织物系统并引起皮肤烧伤,标准中规定的测试装置如图 1 - 6 所示。实验过程中,将传感器测得的数据连接至数据采集器上,采集的温度变化曲线与 Stoll 曲线相交后得到皮肤产生二级烧伤的时间,如图 1 - 7 所示,也可以计算传感器吸收的总能量。后来,阿尔伯特大学的研究者们为了便于实验操作和控制,改进了该仪器的液体加热、传输和喷射装置,改进后测试装置如图 1 - 8 所示。

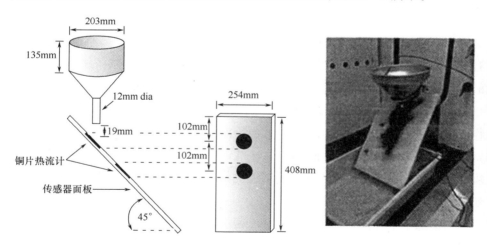

图 1 - 6　ASTM F 2701 标准规定的高温液体飞溅物测试原理及装置

国内卢业虎等人在原有测试设备的基础上研发了新型的高温液体防护性能测试仪,如图 1 - 9 所示。该测试仪主要创新在于可以通过循环流量控制阀调节高温液体的流量,实现多种灾害的模拟。此外,恒温液体循环箱和传送管道系统提供了准确的液体温度控制,极大地改进了原有装置的操作灵活性和准确性;它还可实现多种连续

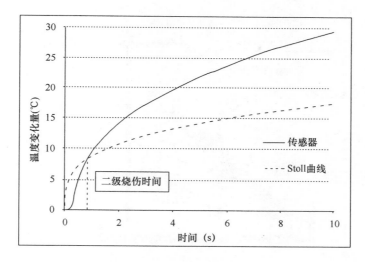

图 1 - 7　Stoll 准则曲线示意

图 1 - 8　改进的高温液体飞溅物测试仪器

的高温液体暴露测试方案,预测各种防护系统皮肤达到二级烧伤的时间;喷口处安装了热电偶,用以检测液体的温度和辨别实验的开始。

(二)高温液体喷溅热防护的影响因素

防液体喷溅防护服是供消防人员进行液态化学物品事故处置时穿着的防护服。织物暴露在高温液体飞溅物时,热传递方式主要包括织物表面的对流传导、织物内的热传导和湿传递(液体和蒸汽传递)引起的能量传递。防液体喷溅防护服所用面料的

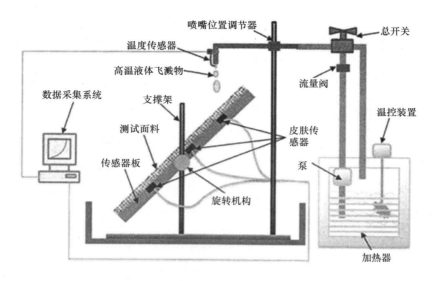

图 1-9　高温液体测试设备示意图

基本性能和液体性能(动力黏度、比热容和热传导率)对防护性能影响较大。高温液体暴露过程中,热防护面料会吸收大量液体,这些储存的液体在冷却阶段会不断地释放储存热,产生潜在的皮肤烧伤。因此,降低液体的吸收和传递能力也是防护此类灾害的热防护服系统必须具备的条件。另外,服装系统应具有较高的隔热性能,降低热传递至皮肤的速率。高温液体喷射到服装面料表面,会对面料产生一定的冲击力,可能改变面料的结构特征和基本性能,使得高温液体可以迅速地通过外层面料。卢业虎等人的研究表明:不透性和半透性面料的防护性能明显优于可透性面料,对于不透性面料和半透性面料,面料的厚度决定了其热防护性能;对于可透性面料,减少液体冲击渗透性可以明显提高其热防护性能。

防液体喷溅防护服除具备消防服的基本性能外,水密性能和防液体化学物质渗透是其重要的技术指标。许多研究证明液体的渗透性也是影响热传递和皮肤烧伤的关键因素之一。面料表面性能和液体的黏度影响液体在织物中的渗透性。液体的热扩散性能、湿传递的速率和传递的总量也是影响织物系统热防护性能的重要因素,直接暴露在高温液体流位置的皮肤烧伤比其他位置的烧伤严重,这可能与面料受到的冲击压力和液体的渗透性等有关。可见,保证热防护服装面料系统的结构完整性也尤为重要。

第二节 人体皮肤结构及烧伤等级

穿着热防护服的目的就是为了防止人体皮肤受热致伤,正确理解皮肤受热程度及受热对皮肤组织的破坏及其影响非常重要。

一、皮肤结构和热属性

对于成人来说,其皮肤占人体体重的 15%,是人体最大的组织器官。皮肤的组织结构复杂,生理作用广泛。一般而言,人体皮肤一般由三层组成,分别是表皮层(Epidermis)、真皮层(Dermis)和皮下组织(Sub – cutaneous region)。

(1)表皮层处于人体的最外层,除手、脚之外,人体其余部分的皮肤表皮层厚度在 $75 \sim 150\mu m$ 左右。

(2)真皮层处于表皮层之下,厚度一般为 $1 \sim 4mm$。

(3)皮下组织由脂肪构成,它下面是肌肉,其厚度变化在 $1.5 \sim 2.0cm$ 范围内,因人而异,但皮下组织的厚度差异对皮肤深度烧伤的影响是至关重要的。

图 1 – 10 是人体皮肤的三层结构示意图。

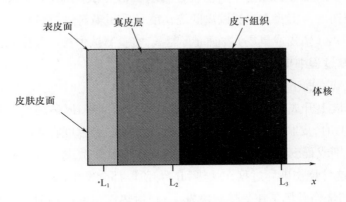

图 1 – 10 人体皮肤三层结构

人的皮肤热属性各异,即使是同一个人,他的身体每一部位皮肤属性也不尽相同。必须明确的是难以用人体实验来测定皮肤烧伤度,因此有关人体皮肤烧伤级别的判定主要靠皮肤传热数学模型来预测。另外人体在火灾环境下受热情况也较复杂,因此关于皮肤烧伤度预测仅作为一个模拟评价系统而不能测定防护服装或织物在实际火灾环境下的隔热防护性能。比如说在强热流环境下,测试人体穿着某种防

13

护服达到二级烧伤的时间为 5 s，但是我们并不能因此认为该服装在此种实际环境下能提供给人体 5 s 的防热时间。

皮肤的热属性（热传导率、热扩散系数）也会随皮肤温度的变化而变化，且与加热或冷却的过程紧密相关，表 1-1 是对皮肤部分测试数据拟合后得到的皮肤属性的平均值。

表 1-1　皮肤组织各层的平均热物理属性值

属性	属性值	单位
热传导率（加热阶段）k_s	0.5878	W/m·K
热传导率（冷却阶段）k_s	0.4518	W/m·K
体积比热 ρ_s	4186800	J/m³·K
基础层厚度 x	0.00008	m
热扩散率（加热阶段）α_h	1.40×10^{-7}	m²/s
热扩散率（冷却阶段）α_c	1.08×10^{-7}	m²/s

二、皮肤烧伤过程

目前摒弃了采用皮肤烧伤评估系统进行表征的方法，常用实验数据经验关系式来预测皮肤烧伤度。实验方法测试皮肤烧伤度是采用辐射热照射到人体皮肤的一部分，如前肢的手掌（猪皮或鼠皮）表面进行测试，实验测试中将皮肤涂成辐射热学中的黑体，否则计算过程中皮肤的吸收系数低，所吸收的热量少。

当人体皮肤表面下 80 μm 处的基面温度达到 44℃ 以上时，皮肤开始被烧伤破坏，破坏程度随温度上升成对数关系加深，如皮肤 50℃ 比 45℃ 时破坏速度要快 100 倍之多，当达到 72℃ 时，皮肤几乎是瞬时破坏的，因此在皮肤温度在 44℃ 以上时，可认为其烧伤破坏级别或程度可以用温度和时间的某种函数关系式表达。只要皮肤温度达到 44℃ 以上，这种烧伤破坏过程在受热和冷却阶段都会发生，区别仅仅是辐射热量密度低时，95% 的烧伤破坏是在受热阶段发生；辐射热流量密度高时，只有 65% 的烧伤破坏在受热阶段发生。另外皮肤烧伤破坏的程度还与受热时间长短紧密相关。

三、皮肤烧伤分类

通常，根据皮肤组织破坏深度和组织坏死程度建立人体皮肤烧伤评估系统，该系统主要将皮肤烧伤分为四个层次。

（1）一级烧伤是皮肤表面烧伤，烧伤仅发生在表皮层。其特征是皮肤表面发红，有疼痛感,但不会出现烧伤所呈现的水泡。通常在夏季强烈太阳光下所见的皮肤灼伤即属于一级烧伤。

(2)二级烧伤是整个皮肤表皮层都遭到破坏,它又可分为表层二级烧伤和深度二级烧伤。表层二级烧伤不破坏真皮层,皮肤发红、有水泡;而深度二级烧伤会破坏部分真皮层,皮肤烧伤后产生的水泡底层显苍白色。

(3)当皮肤达到三级烧伤时,整个真皮层都会被破坏,坏死程度会延伸到皮下组织。特征是皮肤干硬、发白,但没有水泡产生,属于一种不可恢复的烧伤,烧伤后的皮肤丧失知觉。

(4)四级烧伤后要求皮肤移植;五级、六级烧伤分别破坏肌肉和骨头的构成。

四、皮肤温度预测

SFPE 指导手册(SFPE Guide to Predicting 1st and 2nd Degree Skin Burns from Thermal Radiation)给出了四种在热辐射环境下皮肤的温度分布计算方法和准则,但是这四种方法应用的边界条件都是皮肤暴露于固定的辐射能量下。

(1)第一种计算方法仅能预测皮肤开始烧伤的时间点,因为没有考虑皮肤冷却阶段继续受热的影响因素。运用这种方法时,我们只要计算出距离皮肤表层下 $80\mu m$ 处的温度达到44℃时,就能预知皮肤此时开始烧伤。距皮肤表面为 x 处的温度可用以下方程式计算:

$$T = T_0 + \frac{q_r}{\lambda_{skin}}\left[\frac{2\sqrt{\alpha_{skin}t}}{\sqrt{\pi}}\exp\left(-\frac{x^2}{4\alpha_{skin}t}\right) - xerfc\left(\frac{x}{2\sqrt{\alpha_{skin}t}}\right)\right] \tag{1-1}$$

若计算皮肤表面温度 T_s,则上式可写成,

$$T_s = T_0 + \frac{2q_r\sqrt{t}}{\sqrt{\pi\lambda_{skin}\rho_{skin}c_{skin}}} \tag{1-2}$$

式中:q_r——入射到皮肤表面辐射能量,kW;

λ_{skin}——皮肤的导热系数,W/m·℃;

ρ_{skin}——皮肤的密度;

c_{skin}——皮肤的比热;

α_{skin}——皮肤的热扩散系数,$\alpha_s = k\rho c$;

$erfc(\beta)$——误差补函数;

T_s——皮肤表面温度,℃;

T_0——皮肤表面初始温度，℃。

$erfc(\beta)$误差补函数与误差函数 $erf(\beta)$ 及误差补函数积分 $ierfc(\beta)$ 符合下列关系：

$$erfc(\beta) = 1 - erf(\beta) \tag{1-3}$$

$$ierfc(\beta) = \frac{1}{\sqrt{\pi}} - \exp(-\beta^2) - \beta erfc(\beta) \tag{1-4}$$

（2）另外三种计算方法则考虑了冷却效应，实际上即使移除辐射源后，皮肤在冷却过程仍有可能发生 1/3 以上的皮肤烧伤破坏。式（1-5）是第二种计算公式：

$$T = T_0 + \frac{2q_r}{\sqrt{\lambda_{skin}\rho_{skin}c_{skin}}} + \left[\sqrt{\tau} \cdot ierfc\left(\frac{x}{2\sqrt{\alpha_{skin}t}}\right) - \right.$$
$$\left. \sqrt{t-\tau} \cdot ierfc\left(\frac{x}{2\sqrt{\alpha_{skin}(t-\tau)}}\right)S(t)\right] \tag{1-5}$$

式中，τ 是皮肤加热阶段的时间。

（3）若 $t > \tau$，那么 $S(t) = 1$；若 $t < \tau$，则 $S(t) = 0$。结合式（1-3）和式（1-4），公式（1-5）可改写为：

$$T = T_0 + \frac{q_r}{\lambda_{skin}}\left[\frac{2\sqrt{\alpha_{skin}t}}{\pi}\exp\left(-\frac{x^2}{2\alpha_s t}\right) - x\left(1 - erf\left(\frac{x}{2\sqrt{\alpha_{skin}t}}\right)\right)\right] -$$
$$\frac{q^r}{\lambda_{skin}}\left[\frac{2\sqrt{\alpha_{skin}(t-\tau)}}{\sqrt{\pi}}\exp\left(-\frac{x^2}{2\alpha_{skin}(t-\tau)}\right) - x\left(1 - erf\left(\frac{x}{2\sqrt{\alpha_{skin}(t-\tau)}}\right)\right)\right]$$
$$\tag{1-6}$$

（4）式（1-7）是描述冷却阶段皮肤温度变化的第四种计算方法：

$$T(t_2) = T_0 + \left[T(t_1) - T_0\right]\sqrt{\frac{t_2}{t_1}} + \frac{\left[q_r(t_2) + q_r(t_2)\right](t_2 - t_1)}{2\sqrt{\frac{\lambda_{skin}\rho_{skin}c_{skin}t_2}{\pi}}} \tag{1-7}$$

式（1-7）仅可以用来预测皮肤表面温度，因为皮肤烧伤发生在皮肤表面下 80μm，所以该式不适合用于评价皮肤烧伤级别（SFPE Guide）。以上这四种方法都假定皮肤为单层、不透明的半无限体，而忽略了皮肤出汗、血流量及皮肤的非均匀组织结构的影响。

五、皮肤烧伤度预测

预测皮肤烧伤程度的方法主要有以下几种。

(一)亨利·奎因斯(Henriques)烧伤积分模型

目前应用最为广泛的皮肤烧伤模型是亨利·奎因斯(Henriques)提出的一阶阿伦尼乌斯(Arrhenius)方程：

$$\frac{\mathrm{d}\Omega}{\mathrm{d}t} = P\exp\left(\frac{-\Delta E}{RT}\right) \qquad (1-8)$$

这是一个由皮肤活化能 ΔE 和频率破坏因子 P 参数控制的函数方程。

式中：Ω——皮肤烧伤破坏程度的量化值，无量纲；

R——摩尔气体常数，8.31J/mol·℃；

ΔE——皮肤的活化能，J/mol；

P——皮肤组织频率因子，1/sec；

T——皮肤表面80μm处温度，℃；

t——皮肤受热时间，s。

对式(1-8)进行求积分得到：

$$\Omega = \int_0^t P\exp\left(\frac{-\Delta E}{RT}\right)\mathrm{d}t \qquad (1-9)$$

通过计算 Ω 值确定皮肤被烧伤的程度：皮肤温度 $T>44℃$ 且 $\Omega=0.53$，皮肤一级烧伤；皮肤温度 $T>44℃$ 且 $\Omega\geqslant1$，皮肤二级烧伤。因为式(1-9)是一个由皮肤活化能 ΔE 和频率破坏因子 P 控制的函数式方程，且这两个参数值是与皮肤温度有关，表1-2列出了不同研究者所提出的皮肤烧伤模型输入参数值。

表1-2　皮肤烧伤积分模型输入参数值

模型	温度范围 (℃)	皮肤活化能,ΔE (J/mol)	频率破坏因子,P (1/sec)
Weave and Stoll's	$44\leqslant T\leqslant50$	7.78×10^8	2.185×10^{124}
	$T>50$	3.25×10^8	1.83×10^{51}
Fugitt's	$44\leqslant T\leqslant50$	6.97×10^8	3.1×10^{98}
	$T>50$	2.96×10^8	5.0×10^{45}
Takata's	$44\leqslant T\leqslant50$	4.18×10^8	4.322×10^{64}
	$T>50$	6.69×10^8	9.389×10^{104}

模型	温度范围 （℃）	皮肤活化能，ΔE （J/mol）	频率破坏因子，P （1/sec）
Wu's	$44 \leqslant T \leqslant 50$	6.27×10^8	3.1×10^{98}
	$T > 53$	$6.27 \times 10^8 \sim 5.10 \times 10^5$	3.1×10^{98}
Henriques'	$44 \leqslant T$	6.27×10^8	3.1×10^{98}
Diller and Klutke's	$44 \leqslant T \leqslant 52$	6.04×10^8	1.3×10^{95}
Mehta and Wong's	$44 \leqslant T$	4.68×10^8	1.43×10^{72}
Torvi and Dale's	$44 \leqslant T \leqslant 50$	7.82×10^8	2.185×10^{124}
	$T > 50$	3.27×108	1.83×10^{51}

由于各研究模型输入参数值之间的差异，导致预测二级烧伤时间的不同，如图 1-11、图 1-12 所示。

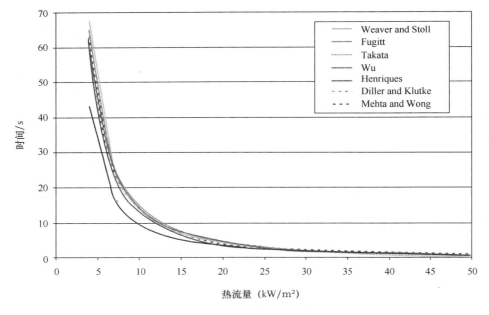

图 1-11　不同研究模型的一级烧伤预测时间曲线

（二）斯托尔（Stoll）二级烧伤准则

斯托尔（Stoll）和基安塔（Chianta）两位研究者根据实验所测得铜片热流计的温度净升值，找出一种简单的预测皮肤烧伤程度的方法。首先他们通过对动物皮肤进行大量实验，测量动物皮肤二级烧伤时间所需吸收的热流量值，列于表 1-3 中，绘制出

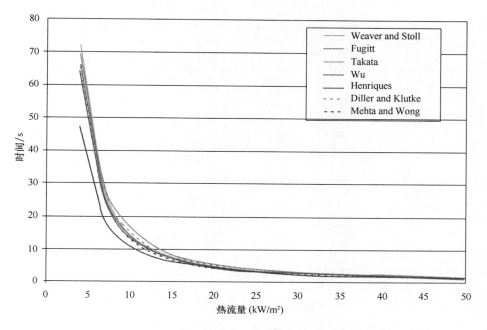

图 1 - 12 不同研究模型的二级烧伤预测时间曲线

的皮肤吸收热量与二级烧伤时间关系曲线如图 1 - 13 所示。然后参照 ASTM E457 - 96 标准转换方法,见方程式(1 - 10),将不同入射能量下的人体裸露皮肤二级烧伤所需时间 t_2 转换成以铜片热计温度上升值代替,实验二级烧伤热时间和铜片热流计温度净升值原始数据如表 1 - 4 所示,从而绘制出如图 1 - 14 所示的 Stoll and Chianta 曲线。测试时,若在恒定的入射热流量下,铜片热流计温度历史曲线与 Stoll 曲线相交,相交点的横坐标即为二级烧伤时间 t_2。

$$q = \rho_c c_{cp} \left(\frac{\Delta T}{\Delta t} \right) = 5.685 \left(\frac{\Delta T}{\Delta t} \right) \tag{1 - 10}$$

表 1 - 3 皮肤吸收热量与二级烧伤时间关系表

皮肤吸收的热量 （cal/cm² · sec）	皮肤吸收的热量 （kW/m²）	二级烧伤时间 （s）
1.128	47.2	1.1
0.940	39.4	1.4
0.752	31.5	2.0
0.564	23.6	3.0

续表

皮肤吸收的热量 （cal/cm² · sec）	皮肤吸收的热量 （kW/m²）	二级烧伤时间 （s）
0.376	15.7	5.6
0.282	11.8	7.8
0.188	7.9	13.4
0.141	5.9	20.8
0.094	3.9	33.8

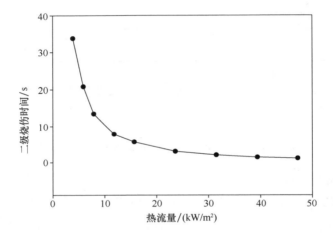

图 1 - 13　皮肤吸收热量与二级烧伤时间关系曲线

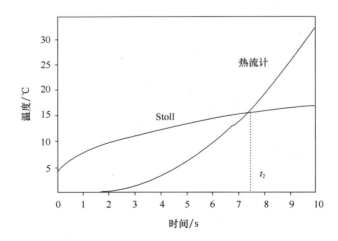

图 1 - 14　Stoll and Chianta 标准曲线

表1-4 Stoll and Chianta 二级烧伤准则数据表

时间 s	二级烧伤所需热流量 （kW/m²）	总的吸收热流量 （kW/m²）	热流计温度净升值 （℃）
1	50	50	8.9
2	31	61	10.8
3	23	69	12.2
4	19	75	13.3
5	16	80	14.1
6	14	85	15.1
7	13	88	15.5
8	11.5	92	16.2
9	10.6	95	16.8
10	9.8	98	17.3
11	9.2	101	17.8
12	8.6	103	18.2
13	8.1	106	18.7
14	7.7	108	19.1
15	7.4	111	19.7
16	7.0	113	19.8
17	6.7	114	20.2
18	6.4	116	20.6
19	6.2	118	20.8
20	6.0	120	21.2
25	5.1	128	22.6
30	4.5	134	23.8

与亨利·奎因斯(Henriques)模型相比,Stoll 方法简便、无需大量数学计算,然而应用 Stoll 方法首要前提是保证入射到皮肤表面热流量是一个恒定值,任何小的波动变化都会使 Stoll 准则失效。包括霍尔库姆(Holcombe)在内的一些研究者指出恒定热流量经过一层或多层织物试样后会衰减,衰减后入射到人体皮肤的热流量值波动性较大,这样就并不符合应用 Stoll 准则的边界条件,第三章中将详细讨论有关这方面的内容。

第三节　热防护服传热模型回顾

　　早期研究者已对防护或服装暴露于强热流下的热量传递进行数值模拟分析,各模型预测的传热机制及边界条件的假设都不一致。目前最常用的热防护服或织物的传热模型主要有托尔维(Torvi)模型、吉布森(Gibson)模型和梅尔(Mell)的消防服装传热模型。

一、托尔维(Torvi)"织物—空气层—铜片热流计"系统传热模型

　　托尔维(Torvi)对火场环境下"织物—空气层—铜片热流计"的系统传热模型进行了系统的研究,在该领域做出了显著的贡献,以至于后续研究者所建立的关于消防服或织物传热模型都是建立在该模型理论研究基础之上。1997 年,托尔维(Torvi)研究了薄型纤维质物质在强热流环境下传热特性,并针对于 ASTM D - 4108 所描述的测试方法和装置建立了"织物—空气层—铜片热流计"系统传热模型,该模型仅涉及水平封闭有限空间传热,即织物与铜片热流计之间为水平空气夹层传热,但它综合考虑了火源与织物、织物与热流计之间的对流与辐射耦合换热,而且在织物传热模型中引入了织物的高温热降解变化产生相变潜热(内热源)一项。由于托尔维(Torvi)主要针对于薄型单层织物建立了传热模型,因此没有考虑织物内部对流换热因素,从而还不能运用于多层或者厚型织物传热,另外,该模型没有考虑水分对织物传热的影响。

　　托尔维(Torvi)模型将织物外表面参与辐射换热分为三个部分:织物和燃烧气体之间辐射换热、织物与外界环境辐射换热以及织物与燃烧器辐射换热。因此,达到织物表面的辐射能量:

$$q_{rad} = \sigma \varepsilon_g T_g^4 - \sigma \varepsilon_f F_a (1 - \varepsilon_g)(T_f^4 - T_a^4) + \frac{\sigma F_b (1 - \varepsilon_g)(T_b - T_f^4)}{1 + F_b (1 - \varepsilon_g)\left(\frac{1 - \varepsilon_f}{\varepsilon_f} + \frac{A_f}{A_b} \cdot \frac{1 - \varepsilon_b}{\varepsilon_b}\right)}$$

$$(1 - 11)$$

式中:　　　　σ——史蒂芬 - 玻尔兹曼常数;

　　ε_g、ε_f 和 ε_b——分别是燃烧气体、织物和燃烧器的辐射系数;

　　T_g、T_f、T_a 和 T_b——分别是燃烧气体、织物的外表面、外界环境空气及燃烧气体的温度;

　　　　　　　　　　温度;

　　F_a 和 F_b——织物与外界环境空气及织物与燃烧器的角系数;

A_f 和 A_b——分别是织物和燃烧器表面积。

而织物与热流计之间的辐射换热量为：

$$q_{rad} = \frac{\sigma(T_f^4 - T_s^4)}{\dfrac{1-\varepsilon_s}{\varepsilon_s} + \dfrac{A_s}{A_f}\left(\dfrac{1}{F_s} + \dfrac{1-\varepsilon_f}{\varepsilon_f}\right)} \qquad (1-12)$$

式中：T_s、ε_s 和 A_s——分别是热流传感器的温度、辐射系数和表面积；

F_s——织物与热流计之间的角系数。

二、吉布森(Gibson)热湿传递多相模型

1994年,吉布森(Gibson)根据惠特克(Whitaker)的多孔介质热湿传输耦合理论,提出了纺织服装材料的热湿传递模型。他把含湿织物认为是一个由固体(聚合物等)吸附凝结水、液态水和气态水组成的三相结构体,如图1-15所示。

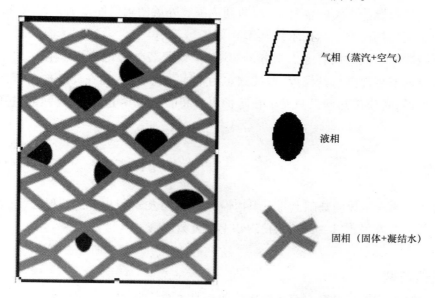

图1-15 多孔介质三相结构示意图

根据质量守恒、能量守恒及动量守恒定律,对传热、传质(液相、气相)现象进行数学分析,建立起能够合理反映各种不同结构相织物温度场,湿分浓度场及气相总压场变化规律的三场机制模型。吉布森(Gibson)基于纤维、空气和水分组成的三维区域对纤维集合体进行了湿分分布模拟计算,并考虑了各相传导热传输,气、液相对流换热及水分迁移对服装材料热湿传递的影响,能量守恒方程式可表达如下:

$$\langle \rho \rangle c_p \frac{\partial \langle T \rangle}{\partial \langle t \rangle} + \left(\sum_j (c_p)_j \langle \rho_j \nu_j \rangle + \rho_\beta (c_p)_\beta \langle \nu_\beta \rangle + \sum_j (c_p)_i \langle \rho_i \nu_i \rangle \right) \cdot \nabla \langle T \rangle$$

$$+ \Delta h_{\nu ap} \langle m_{l\nu} \rangle + Q_1 \langle m_{sl} \rangle + (Q_1 + \Delta h_{\nu ap}) \langle m_{s\nu} \rangle = \nabla \cdot (K_{eff}^T \cdot \nabla \langle T \rangle) \quad (1-13)$$

式中： 　　〈　〉——所有相的单位体积；

　　　　　　ν——表示流速；

　　　　　$\Delta h_{\nu ap}$——液态水的蒸发热；

　　　　　　K_{eff}——温度传感器当量导热系数；

$m_{l\nu}$、m_{sl}和 $m_{s\nu}$——分别为液体从固体上解吸附、气体从固体上解吸附以及液体蒸发质
　　　　　　　　量流量。

三、梅尔(Mell)消防服传热模型

2000 年,美国马里兰州盖瑟斯堡市国家标准和技术研究所的威廉·E·梅尔研究了模拟轰燃前火灾的辐射环境,即到达服装外层的辐射能量为 2.5kW/m² 的多层消防服装传热模型。与托尔维模型相似的是,该模型也考虑到了服装材料吸收辐射衰减特征。同时没有考虑水分的影响,假设服装外层或内层没有达到足以使织物熔化或发生热降解的温度,服装假定为平面几何形状,热在此平面系统内的传递是一维的,对流传热假设只发生在防护服套装的外边界上,因此支配能量守恒方程式为：

$$\rho c_p \frac{\partial T}{\partial t} = \frac{\partial q_{con}}{\partial x} - \frac{\partial q_r}{\partial x} + g \quad (1-14)$$

在基尔霍夫定律的基础上建立织物辐射方程,分析材料边界的辐射通量,采用控制容积法离散方程式(1-14),获得织物上温度数值解。

四、其他模型

在热防护服传热模型方面拓展比较成功是加拿大阿尔伯特大学的宋国文教授,他将单层或多层织物的一维平面有限差分模型运用于着装的燃烧假人传热性能的仿真模拟,预测了人体皮肤二级烧伤所需时间,形成了人体不同部位的烧伤情况分布图,这也是研究者首次将平面模型应用于防护服整体热防护性能的预测。其后,美国北卡州立大学的 Chitrphiromsri 等人在宋国文等人所建的干态模型(不含湿分)的基础上,建立了火场高温环境下多层织物一维耦合热湿传递模型,获得了服装层内温度和湿度的分布情况,模拟预测了人体烧伤。

第四节 本章小结

本章节为绪论,引领大家开启整本书的篇章。第一节先简单介绍了人体可能遭受的高温危险热源以及用来防护的热防护服装的防护原理、结构构成及分类,详述了热防护服的常见品种,如消防服、蒸汽防护服、电弧防护服、热辐射防护服以及防高温液体喷溅防护服的研究现状、防护原理、构成及测试标准;第二节重点阐述了人体皮肤的三层结构、热属性、烧伤过程及皮肤烧伤分类,介绍了四种热辐射环境下皮肤的温度分布计算方法和准则,详细描述了皮肤烧伤的两种预测方法[亨利·奎因斯(Henriques)烧伤积分模型和斯托尔(Stoll)二级烧伤准则];第三节回顾了常用的热防护服装热防护性能的预测模型,托尔维(Torvi)"织物—空气层—铜片热流计"系统传热模型、吉布森(Gibson)热湿传递多相模型、梅尔(Mell)消防服传热模型、宋国文教授首次将平面模型应用于防护服整体热防护性能的预测模型以及美国北卡州立大学的Chitrphiromsri等人建立的火场高温环境下多层织物一维耦合热湿传递模型。

参考文献

[1] Soroka, A. J., Thermal Protective Clothing[J]. *Textile Progress*. 5,1992.

[2] Norman, J., Two Decades of Changes in Protective Clothing[J]. *Firehouse*. 1996, 11,pp. 105 – 113.

[3] David A. Torvi and George V. Had., Research in protective clothing for firefighters: state of the art and future directions[J]. *Fire Technology*. 1999,35(2),pp. 111 – 130.

[4] 华涛. 热防护服热防护性能的分析与探讨[J]. 产业用纺织品,2002,20(8): 28 – 31.

[5] 邱日祥. 新型消防服应该具备的性能要求及检测方法[J]. 消防技术与产品信息,2000,7,pp. 16 – 17.

[6] Huck, Janice, Evaluation of Heat Stress Imposed by Protective Clothing[J]. First Annual Conference on Protective Clothing, Clemson University,1987,5.

[7] Holmer, L., Protective Clothing and Heat Stress[J]. *Ergonomics*. 1995,38(1), pp. 166 – 182.

[8] D. A. Torvi and George V. H. Research in Protective Clothing forFirefighters: State of the Art and Future Directions[J]. *Fire Technology*. 1999,35(2),pp. 111 – 130.

[9]李来宝. 灭火救援中消防员伤亡案例引发的思考[J]. 消防科学与技术，2009,28(4):209-212.

[10]Krasny,J. F,Some Characteristics of Fabrics for Heat Protective Garments,Performance of Protective Clothing:First Volume ASTM STP 900[S]. West Conshohocken,PA,1986:463-474.

[11]Veghte,J. H. ,Firefighters′Protective Clothing:Design Criteria[M]. Second Edition. Lion Apparel,Dayton,OH,1988.

[12]Fornell,D. P. ,Understanding Tumout Technology[J]. Fire Engineerillg,1992,45(6):105-113.

[13]Rotmann,M. F. ,Selection and Development of Protective Clothing for Firefighters,Performance of Protective Clothing[S]. Fourth Volume,ASTM STP1133,West Conshohocken,PA,1992:885-893.

[14]ISO/TC 94/SC13. ISO 9151,Protective Clothing Against Heat and Flame Determination of Heat Transmission on Exposure to Flame[S]. International Organization for Standardization:Geneva,1995.

[15]Development of a Sizing Standard for Firefighter Protective Clothing[S]. 1996 Project Summaries,Building and Fire Research Laboratory,National Institute for Standards and Technology. Gaithersburg,MD,1996.

[16]National Fire Protection Association,NFPA 1971,Standard on Protective Clothing for Structural Fire Fighting[S]. Quincy,Massachusetts,2000 Edition.

[17]Veghte,James H. ,Ph. D. Design Criteria for Fire Fighter's Protective Clothing[S]. Janesville Apparel,Dayton,Ohio. 1986,9.

[18]Slater,K. Comfort or Protection:the Clothing Dilemma. Performance of Protective Clothing [S]. Fifth Volume,ASTM STP 1237,James S. Johnson and S. Z. Mansdorf,Eds. ASTM,1996.

[19]朱方龙. 火灾消防服装的有效选择[J]. 中国个体防护装备,2009,(1):53-56.

[20]朱方龙. 热防护服隔热防护性能测试方法及皮肤烧伤度评价准则[J]. 中国个体防护装备,2006,(4):26-31.

[21]American Society for Testing and Materials,ASTM D4108-87 Standard Test Method for Thermal Protective Performance of Materials for Clothing by Open-Flame Method[S]. West Conshohocken,PA,1987.

[22]ASTM F 1930-00 Standard Test Method for Evaluation of Flame Resistant

Clothing for Protection against Flash Fire Simulation Using an Instrumented Manikin [S]. American Society for Testing and Materials, Philadelphia, PA, 2000.

[23] National Fire Protection Association, NFPA 1977, Protective Clothing and Equipment for Wildland Fire Fighting[S]. Quincy, Massachusetts, 1996.

[24] GA 10 - 2002 消防员灭火用防护服[S]. 中华人民共和国公安部发布, 2002.

[25] GA 633 - 2006 消防员抢险救援防护服装[S]. 中华人民共和国公安部发布, 2006.

[26] GA 634 - 2006 消防员隔热防护服[S]. 中华人民共和国公安部发布, 2006.

[27] Day, M., Cooney, J. D. and Suprunchuk, T., Durability of Firefighters´ Protective Clothing to Heat and Light[J]. Textile Research Journal, 1988, 58:141 - 147.

[28] Bryan, C. J., and Harnpton, J. D. A Method to Oetermine Propellant Handlers Ensemble Fabric Oegradation, Chemical Protective Clothing Performance in Chemical Emergency Response, ASTM STP 1037[S]. West Conshohocken, PA, 1989:184 - 194.

[29] Zimmerli, T., and Weder, M., Protection and Comfort - A Sweating Torso for the Simultaneous Measurement of Proctive and Comfort Properties of PPE, Performance of Proctive Clothing: 6th Volume, ASTM STP 1273 [S]. West Conshohocken, PA. 1997: 271 - 280.

[30] Frim, J., and Romet, T. T., The Role of the Moisturel Vapour Barrier in the Retention of Metabolic Heat During Fire Fighting[R]. DCIEM Report No. 8R - RR - 40, Defense and Civil Institute of Environmental Medicine, Toronto, ON. 1988.

[31] Huck, J. and McCullough, F. A., Firefighter Turnout Clothing: Physiological and Subjective Evluation, Performance of Protective Clothing: Second Symposium, ASTM STP 989[S]. West Conshohocken, PA, 1988:439 - 451.

[32] Veghte, J. H., The Physiological Strain Imposed by Wearing Fully Encapsulated Chemical Protective Clothing, Chemical Protective Clothing Performance in Chemical Emergency Response, ASTM STP 1037[S]. West Conshohocken, PA, 1989:51 - 64.

[33] 张渭源. 中国现代纺织科学与工程全书[M]. 上海:东华大学出版社. 2003, 6.

[34] 刘洪凤, 张富丽. 蒸汽防护服装的性能要求及研究现状[J]. 上海纺织科技. 2012, 40(5):14 - 16.

[35] 刘洪凤, 张富丽. 国外蒸汽防护服装的研究进展[J]. 中国个体防护装备.

2015(1):26－28.

[36]汪融.压力下的防护——杜邦的防"蒸汽"服[J].高科技纤维与应用,
1996,21(1):23－24.

[37]Ensemble,steam suit,submarine[J].CID:A－A－59764,2005

[38]过热蒸汽防护服,JP20079380[P].

[39]Anne－Virginie D.,Bruno S.,Alain M.,Thermal Protection Against Hot Steam
Stress,Blowing Hot and Cold:Protecting Against Climatic Extremes[J].RTO－MP－076:
2002,4:8－1～8－5.

[40]陈增发,张泽.电弧防护发展历史与防护服的选择[J].电力安全技术.2008
(11):68－70.

[41]马新安,张莹.纺织品热防护技术研究进展[C].第11届功能性纺织品、纳
米技术应用及低碳纺织研讨会论文集.2011(4):331－341.

[42]马德志,刘春,马茜.焊接防护服标准的修订[J].中国个体防护装备.2009
(2):40－43.

[43]李俊,施雷花,张渭源,张华.耐高温防护服及其发展趋势[J].中国个体防
护装备.2005(1):16－18.

[44]Diller,K.,Analysis of skin burns. *Heat Transfer in Medicine and Biology* [M].
Plenum Press,New York,1985,pp.85－134.

[45]SFPE Task Group on Engineering Practice,Predicting 1st and 2nd Degree Skin Burns
from Thermal Radiation[C].Society of Fire Protection Engineers,Bethesda,MD.2000.

[46]Takata,Arthur,Development of Criterion for Skin Burns[J]. *Aerospace Medi-
cine.* 1974,45(6),pp.634－637.

[47]华涛,杨元.织物防热辐射性能测试方法的研究[J].产业用纺织品.2000,
18(12):38－41.

[48]ASTM F 2701－08. Standard Test Method for Evaluating Heat Transfer through
Materials for Protective Clothing Upon Contact with a Hot Liquid Splash[S]. West Con-
shohocken,PA,USA. 2008.

[49]JALBANI S H,ACKERMAN M Y,CROWN B M,et al. Modification of ASTM F
2701－08 apparatus for use in evaluating protection from low pressure hot water jets[M].
9th symposium on performance of protective clothing and equipment:emerging issues and
technologies. Anaheim,California;ASTM Committee F23 on Personal Protective Clothing
and Equipment. 2011.

［50］卢业虎. 高温液体环境下热防护服装热湿传递与皮肤烧伤预测［D］. 上海：东华大学,2013.

［51］Stoll,Alice. M. and Chianta,M. A. ,Method and Rating System for Evaluation of Thermal Protection［J］. *Aerospace Medicine*. 1969,11.

［52］Stoll,Alice. M. and Chianta,M. A. ,Heat Transfer Through Fabrics as Related to Thermal Injury［J］. *Transactions of the New York Academy of Sciences*. 1971,33,pp. 649 – 669.

［53］Henriques,F. C. ,Jr. ,Studies of Thermal Injuries V. The Predictability and the Significance of Thermally Induced Rate Processes Leading to Irreversible Epidermal Injury ［J］. *Archives of Pathology*. 1947,43,pp. 489 – 502.

［54］Weaver,J. A. and Stoll,A. M. ,Mathematical Model of Skin Exposed to Thermal Radiation［J］. *Aerospace Medicine*,1969,40,pp. 24 – 30.

［55］Diller,K. R. ,Klutke,G. A. ,Accuracy Analysis of the Henriques Model for Predicting Thermal Burn Injury［J］. Advances in Bioheat and Mass Transfer Microscale Analysis of Thermal Injury Process,Instrumentation,Modeling,and Clinicial Applications,HTD – Vol. 268,*American Society of Mechanical Engineers*,New York,1993,pp. 117 – 123.

［56］Diller,K. ,Hayes,L. J. ,and Blake,G. K. ,Analysis of Alternate Models for Simulating Thermal Burns ［J］. *Journal of Burn Care and Rehabilitation*. 1991, 12, pp. 177 – 189.

［57］D. A. Torvi and J. D. Dale,A Finite Element Model of Skin Subjected to a Flash Fire［J］. *ASME J. Biomech. Eng.* 1994,116,pp. 250 – 255.

［58］J. Edwards,Development of an Instrumented Dynamic Mannequin Test to Rate the Thermal Protection Provided by Protective Clothing［D］. Thesis of MS,Worcester Polytechnic Institute,2004.

［59］ASTM E 457 – 96,Standard Test Method for Measuring Heat – Transfer Rate Using a ThermalCapacitance（Slug）Calorimeter［S］. 1996 Edition,American Society for Testing and Materials,Philadelphia,PA.

［60］Stoll,A. M. and Greene L. C. Relationship Between Pain and Tissue Damage Due to Thermal Radiation［J］. *Journal of Applied Physiology*. 1959,14,pp. 373 – 382.

［61］Brian David Gagnon,Evaluation of New Test Methods for Fire Fighting Clothing ［M］. Thesis of MS,Worcester Polytechnic Institute,2000.

［62］Holcombe,B. V. ,and Hoschke,B. N. ,Do Test Methods Yield Meaningful Performance Specifications? Performance of Protective Clothing[S]. First Volume ASTM STP 900, R. L. Barker and G. C. Coletta, Eds. American Society for Testing and Materials, West Conshohocken, PA, 1986, pp. 327 – 339.

[63] D. A. Torvi. Heat Transfer in Thin Fibrous Materials under High Heat Flux Conditions[D]. Doctoral Dissertation, University of Alberta, Edmonton, 1997.

[64] Gibson, P. Governing Equations for Multiphase Heat and Mass Transfer in Hygroscopic Porous Media with Applications to Clothing Materials[R]. Technical Report Nattick/TR – 95/004, 1994.

[65] Mell, W. E. and Lawson, J. R. A Heat Transfer Model for Fire Fighter's Protective Clothing [S]. National Institute of Standards and Technology, NISTIR 6299, Jan. ,1999.

[66] Song G. W. Modeling Thermal Protection Outfits for Fire Exposures [D]. Ph. D. Thesis, North Carolina State University, Raleigh, USA. 2002.

第二章 热防护功能服阻燃与热防护性能测试方法

热防护服的热防护性能可以通过一定的试验方法进行测试和评价,国内外在该方面都开展了广泛的研究,并制订了相应的标准与方法。

国内热防护服热防护性能测试方法的研究前期着重于热防护服阻燃性能的测试与评价。目前,我国已建立了较完整的织物阻燃性能测试方法与标准,其中包括垂直法、水平法、氧指数、45°倾斜法、烟浓度法等。在热防护服阻燃性能测试中,我国借鉴国外同类标准,采用垂直法进行测试和评价,即测定织物续燃时间、阻燃时间和损毁长度等指标。同时,我国还制订了《防护服用织物 防热性能 抗熔融金属滴冲击性能的测定》国家标准。在公安部《消防员普通防护服性能要求和试验方法》和《消防隔热服性能要求及试验方法》行业标准中,制订了防护服抗辐射热渗透性能试验方法。山东省纺织科学研究院也参照欧盟标准 EN366 等,研制了织物热辐射性能测试仪和织物热传导性能测试仪,用于热防护性能的测试和评价。

与国内相比,美国、欧洲等西方发达国家对热防护服的研究和开发较早,目前已制订并实施了一系列先进和完善的热防护服产品标准和测试方法标准。在热防护性能的测试研究中,除了制订和建立了较完整的评定阻燃性能的测试方法外,还建立了热防护性能其他方面的各项测试标准,如热防护服的隔热性、完整性和抗液体透过性等,以及反映综合热防护性能的 TPP 法、Thermo – man® 法。通过这些方法,可以较全面地测试和评价热防护服的热防护性能。现在,国际上采用的有 ASTM(美国试验与材料协会)、NFPA(美国国家防火协会)、EN(欧盟)所制订的测试方法。如 ASTM D4108 – 87(服装材料防热性能 TPP 明火测试方法)、ASTM F0955(防护服接触熔融物体时通过防护材料传递的热量测定方法)、NFPA1971(多层结构消防服标准)、NFPA1976(接近火场消防员防护服标准)、NFPA1977(野地消防员防护服和消防器材标准)、ISO 9151(阻热服及隔热性能测试标准)等。

第一节　织物与服装阻燃性能测试方法

服装材料阻燃性能的评价一般有以下指标。

（1）难易程度。

（2）火焰表面传播速度。

（3）发烟能见度。

（4）燃烧产物的毒性。

（5）燃烧产物的腐蚀性。

其中（1）、（2）项统称为"对火的反应"，是燃烧性能评价的最主要指标。目前国内外在阻燃织物性能测试与表征方面尚无比较全面理想的方法，常用的主要有以下几种方法。

一、燃烧试验法

燃烧试验法主要用于测试材料的燃烧广度（炭化面积和损毁长度）、续燃时间、阴燃时间。其方法是将一定尺寸的试样在规定的燃烧箱里用规定的火源点燃12s，除去火源后测定试样的续燃时间、阴燃时间，阴燃停止后，按规定方法测出损毁长度（炭化长度）。这是一种基本的测试方法，各国均有相应的测试标准，如：美国标准 AATCC 34 - 66、NFPA NO. 701 - 1966；德国标准 DIN53906；英国标准 BS2963A 及我国标准 GB5455 - 1997 等。

二、极限氧指数法

简称氧指数法，是指在规定的试验条件下，使材料恰好能保持燃烧状态所需氧氮混合气体中氧的最低体积浓度。我国标准 GB5454 - 1997 规定试样恰好燃烧 2min 自熄或损毁长度恰好为 40mm 时所需氧的百分含量即为试样的氧指数值。极限氧指数试验是在氧指数测定仪上进行的。目前常用的测试方法是将一定尺寸的试样用试样夹垂直夹持于透明燃烧筒内，筒中有按一定比例混合的向上流动的氮氧气流。用特定的点火器点燃试样的上端，观察随后的燃烧现象，记录持续燃烧时间或燃烧过的距离，试样的燃烧时间超过 3min 或火焰前沿超过 50mm 标线时降低氧浓度，试样的燃烧时间不足 3min 或火焰前沿不到标线时增加氧浓度，如此反复操作，从上下两侧逐渐接近规定值，至两者的浓度差小于 0.5%。

三、烟密度箱实验法

该法是由美国国家标准局（NBS）研发的，使用标准为 ASTM E662 - 83。所用设备为烟密度箱，结构如图 2 - 1 所示。测试方法：试样在箱内垂直固定，试验时令试样在箱内燃烧产生烟雾，并测定穿过烟雾的平行光束的透光率（$T\%$）变化，再计算比光密度，即单位面积试样产生的烟扩散在单位容积烟箱单位光路长的烟密度，用 Ds 表示。测试比光度法的原理为：当光速通过烟密度箱内的烟层，光强度的衰减规律符合朗伯—比耳定律，利用测光系统来测量透光率（$T\%$）的变化，从而表征烟浓度的变化。

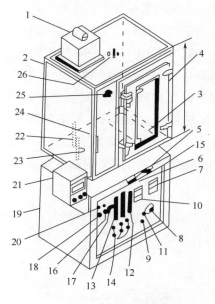

图 2 - 1　烟密度箱

1—光电倍增管罩　2—试验箱　3—送风板　4—带窗的活动门　5—排气口控制器　6—辐射仪输出插孔
7—温度指示器　8—自耦变压器　9—炉子开关　10—电压表　11—熔断器　12—辐射仪空气流量计
13—燃气和空气流量计　14—流量计截流阀　15—样品移动调节器　16—光源开关　17—光源电压插孔
18—线路开关　19—箱基　20—指示灯　21—微光度计　22—光学体系杆　23—光学体系下透光窗
24—排气口调节器　25—进气口调节器　26—入口孔

四、热分析法

热分解过程是材料产生可燃性挥发物的第一个基本过程，因此以热质量损失（TG）法和差示扫描量热（DSC）法为主的热分析技术在提高织物与服装阻燃性能研究中得到了应用。TG 法是通过等温或恒定升温速率加热样品材料，观察样品加热时的失重行为和规律，进一步分析和判断材料产生可燃性物质挥发的速率及加热速率、温度、环境条件对材料热解过程的影响,它还可以帮助理解热解的微观过程和机理。DSC 法主要是研究在等温或一定加热速率下加热时,织物样品材料的热效应变化,有助于分析织物在受热过程中与热效应相关联的热解机理和对燃烧过程的影响。此外,也有学者将傅里叶红外光谱(FT－IR)和气相色谱等测试手段用于材料的阻燃机理分析。

五、锥形量热仪法

锥形量热仪法最初是由美国国家标准与技术研究院提出的一种用来测定材料热释放速率的方法。锥形量热仪的设计符合以下标准:ISO 5660－1 对火反应试验,热释放率、发烟率和质量损失率;ASTM E1345－94 使用耗氧量热计测试材料和产品的热和可见烟雾释放速率的测定;BS476 Pt.15 建筑材料燃烧和结构试验,产品热释放速率的测定。锥形量热仪是根据材料燃烧耗氧量原理,每消耗 1kg 氧气释放出的热量约为 13.1MJ,测量材料的热释放、点燃时间、氧消耗情况、CO 和 CO_2 产生量和燃烧气体的流量。通过上述参数,可研究小型阻燃试验结果与大型阻燃试验结果的关系,并能分析织物所用阻燃剂的性能和估计阻燃织物在真实火灾中的危险程度。图 2－2 是实验室用的莫帝斯燃烧技术(中国)有限公司生产的锥形量热仪。

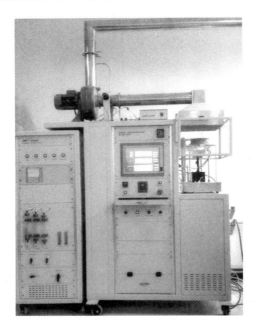

图 2－2　锥形量热仪

锥形量热仪所用试样尺寸大小为 100mm × 100mm 的正方形,燃烧时暴露面积为 $0.01m^2$,厚度 6～50mm,材料外形完整,材质均匀。测定时试样与加热器的距离为 25cm,点火器置于试样上部 13cm 处,废气鼓风机流量约为 $0.024m^3/s$。测试时通过排气罩排出全部燃烧气体。由废气采样管收集废气试样,在气体分析器中分析其中的 O_2、CO 和 CO_2。锥形量热仪在阻燃材料研究中应用越来越广,简单概括为以下几方面。

1. 研究阻燃机理

利用锥形量热仪测得的有效燃烧热(EHC)、热释放率(HRR)和 CO、CO_2 含量等参数,可将经阻燃与未经阻燃处理的聚合物进行对比,用以分析材料在裂解过程中的阻燃情况,得出的分析结果对研究阻燃机理很有帮助。

2. 评价阻燃材料的燃烧性和阻燃性

锥形量热仪测得的热释放速率(HRR)及其峰值(pkHRR)、总释放量(THR)、点燃时间(TTI)等燃烧性能参数可以判断潜在的火灾危险性。因为 pkHRR 和 TTI 是由外部热辐射量、通风速度和破坏程度决定的,而 THR 是材料内部能量的测量,独立于环境因素,将两者结合起来用以评定材料的火灾危险性与大型试验结果有很好的相关性。

3. 评价阻燃材料烟和毒气的释放

锥形量热仪测得的主要参数 SEA 是表征燃烧过程每时每刻发烟量的动态参数,能体现单位质量挥发物转换成烟的比率,其数据与大型试验的烟参数有较好的相关性。利用锥形量热仪还可以研究阻燃材料中烟及毒气的产生,测定阻燃剂的加入对材料成烟的影响,从烟释放角度对材料的阻燃性能进行评估。

第二节　一维平面热防护测试装置

目前国际上常用热防护织物的热防护性能小规模标准测试方法主要有三种:ASTM D 4108,NFPA 1971 和 NFPA 1977,它们均采用的是一维平面测试装置。

一、ASTM D 4108 明火法测试防护材料的热防护性能

这种标准方法从 1995 年后就已经不再版了,但后来的 NFPA 标准都是参照此标准而制订的。如图 2－3 所示,规格为 100mm × 100mm 的织物试样水平放置在中间开有 50mm × 50mm 小孔试样架上,采用铜片热流计测量试样背面的温度,铜片热流计

安装在一块绝热板内,其表面与绝热板表面平齐。要求被测试的织物暴露于 Meker 燃烧器产生的火焰对流热,火焰与试样直接接触,使到达织物表面的热流量达到 $84 \pm 2 \mathrm{kW/m^2}(2.00 \pm 0.05 \mathrm{cal/cm^2 \cdot s})$,用试样后面的铜片热流计测试其温升曲线并与 Stoll 曲线比较得出二级烧伤所需时间 t_2,并与暴露热能量 q 的乘积,得 TPP 值,其计算式为:

$$\mathrm{TPP} = t_2 \times q \qquad\qquad (2-1)$$

TPP 值越大,表示热防护服的热防护性能越好;反之,越差。

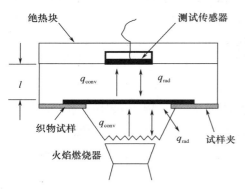

图 2-3 典型 TPP 测试系统

由于织物在受热时收缩,为了保持测试时试样的完整性,因此在测量过程中需要对试样施加一定的张力,ASTM D 4108 标准方法中运用了两种对试样施加张力的常用方法,一般根据测试的需要而选择不同的方法。

(1)在铜片热流计上放置 1.0kg 重的金属块;

(2)在试样架上植钢针,测试时将面料穿过钢针,同时热流计绝热板上针孔与试样架上的钢针正好吻合,保证了热流计与试样背面的紧密接触。采用这种方法可以最有效地防止织物受热收缩,克服放置金属块并不能完全消除织物热收缩的负面影响。

二、NFPA 1971 建筑结构防火用防护装备

NFPA 1971 方法应该说是 ASTM D 4108 标准方法的一个修改版本,因此,它们的测量原理相同,绝大部分部件相似,但是也存在不同之处。它们的主要差别如下所述。

(1)热源辐射/对流热流比率不同;ASTM D 4108 方法中一个 Meker 燃烧器提供的辐射/对流热比例是 3∶7,而 NFPA1971 方法中则改用两个 Meker 燃烧器,分别与测试主体成 45° 放置在一排石英灯管两侧,如图 2-4 所示,采用电加热石英灯管,可调节其输入电压至输出辐射热与燃烧器火焰对流热的比例为 5∶5。

(2)测试试样规格尺寸不同。NFPA 1971 中改用试样尺寸为 150mm×150mm,试样架上开的小孔尺寸为 100mm×100mm。NFPA 1971 方法主要用来测试建筑结构灭火用防护装备的热防护性能,各层按外壳层、汽障层和隔热层排列,测试时外壳层面

对热源,铜片热流计直接放置在隔热层上,使热流计与隔热层直接接触,一般结构火防护服装的 TPP 值不得小于 35.0cal/cm²。试样架与石英灯管的距离为 12.7cm。

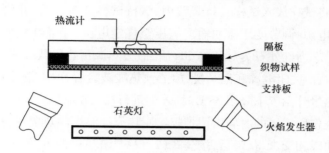

图 2 - 4　NFPA 1971 标准方法构造原理图

三、NFPA 1977 防野火用防护服与装备——热辐射防护性能性测试方法

该试验是将试样垂直放置在一排石英灯辐射源前,在规定的距离内,热源对试样进行热辐射,用原理和结构与 ASTM D 4108 所述相似的铜片热流计测量出造成人体皮肤二级烧伤所需要的时间 t_2,并计算出二级烧伤时间 t_2 与暴露热流量 q_2 的总热流量即 RPP 值:

$$RPP = t_2 \times q_r \qquad (2-2)$$

式中:q_r——规定辐射热流量[0.5cal/(cm² · s)]或[2.0cal/(cm² · s)];

t_2——引起二度烧伤所需要的时间,s。

RPP 值越大,表示热防护服的防热辐射性能越好;反之,越差。

NFPA 1977 方法的实验仪器主要有辐射热源装置、热源预热屏蔽装置、试样夹持装置、铜片热流计和绘图记录仪组成。

辐射源装置由五根 500W 的红外石英灯管作为辐射热源,垂直地对试样进行热辐射。热源的辐射热量由调压变压器控制,通过调节输入电压,使石英灯管辐射出规定的热流量为 0.5cal/(cm² · s)或 2.0cal/(cal² · s)。

由于石英灯管需要经过一段时间才能达到恒定的辐射热流量,在此预热过程中,试样应不受到热辐射,因此,在热源与试样之间设置一预热屏蔽装置,防止试样过早地受到热辐射,从而保证试样的准确性。

试样夹持装置将试样夹持并垂直放置于辐射热源前。它由两块中间开有长方形孔的金属板组成。

放置在试样后的铜片热流计用于测定透过试样的热流量,并将热量计的温度转换为电压输出,并绘出铜片热流计的温度随热辐射作用时间的变化曲线。

在试验测试时,首先剪取尺寸为 22.86cm×10.16cm 的五块试样,并在标准大气压下调湿,然后将试样放入试样夹持装置内,保持试样夹持平整,并将其放入试验仪中。接着,打开电源,调节变压器的输出电压至规定电压,保证红外加热石英灯具有规定的辐射热量。当红外石英灯预热 60s 后,撤去热源预热屏蔽装置,使试样垂直暴露在热源下 30s 后,关闭电源和记录仪,放上预热屏蔽装置,取下铜片热流计并冷却,试验完毕。当热量计温度下降至 33℃时,才能进行新一次试验。

引起二度烧伤所需要的时间由记录仪绘制热流计温度随热辐射时间变化曲线与二度烧伤标准曲线相交求得,最后,按公式(2-2)计算试样的 RPP 值。

RPP 试验主要用于测定热防护服的辐射热防护性能。由于热辐射是造成热伤害的主要传热形式之一,所以该方法可以从一个方面较好的测试和评价热防护服的热防护性能,其在森林消防等领域得到了较广泛的应用。

第三节　圆筒形热防护测试装置

一、国外圆筒测试装置
(一)蘑菇试验方法

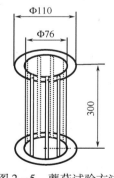

图 2-5　蘑菇试验方法
燃烧筒示意图

服装阻燃性能试验方法主要是假设穿着的衣服燃烧时,测定衣服接触火源时着火性和因火焰蔓延而衣服各部位燃烧热的传导率以及达最高热量所需的时间。这种方法又称蘑菇试验方法,此法在美国虽已作为服装类的联邦标准试验方法用于研究工作中,但尚未标准化。试验装置由燃烧器和记录仪两部分组成,燃烧部分装有热电偶传感器,试验时,将 32cm×16cm 的试样在燃烧筒上卷绕成圆筒状,如图 2-5 所示,用火焰长 19mm 的燃烧器,从 0.5s 和 1s 到 12s,每隔 1s 在该筒状试样下端的不同部位,各接触火焰三次,观察试样有无着火和测定着火的时间,用以表示着火性。

(二)阿尔伯特大学的克朗(Crown)等设计的圆筒仪

加拿大阿尔伯特大学的克朗(Crown)等设计了圆筒仪来模拟服装穿着的状态,并将其与不同的测试方法(ASTM D 4108 和 ISO 9151 标准方法)进行对比,发现圆筒装置比平面装置,更能实际客观地评价面料的防护性能。

二、耐高温圆筒热防护测试装置研制

为了全面评价耐高温服装的整体隔热性能,本书作者开发了一套模拟人体的"圆筒"测试仪,用来测量四周皆为高温辐射环境下耐高温服装的热传递性能。

(一)模拟皮肤的选择

选择合适的模拟皮肤是测量防护服的热防护性的关键,模拟皮肤不仅要求在受热时具有类似于人体表层皮肤对热辐射吸收的物理属性,而且在热源被隔开后还具有未烧伤皮肤冷却时相似的物理属性,即模拟皮肤烧伤后还能恢复,保证测试实验可重复性。

测试装置选择与人体皮肤物理属性相似的人工微晶玻璃块作为模拟皮肤器。该种物质属陶瓷类材料,其热传导率约为 $1.5W/(m \cdot K)$,热惯性参数为 1750 $W \cdot s^{1/2}/(m \cdot K)$,而且它的这些物理性质不随温度变化而变化。微晶玻璃块的表面温度上升率与热惯性参数成反比,在给定热流量辐射下,它的表面温升率比实际人体皮肤小。

将微晶玻璃做成内径为 25mm,外径为 50mm,热量由外向内传透时间约为 54s,比实验中暴露测试的时间长。微晶玻璃上装有两个热电偶,一个膜电偶(膜电偶1)放置在它的外表面以测定其表面温度,另一个膜电偶(膜电偶2)内嵌于人工微晶玻璃块内,距离圆筒内表面 2.5 ~ 3.5mm,其横截面形状如图 2 –6 所示。

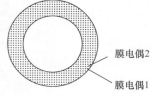

膜电偶2

膜电偶1

图 2 – 6　皮肤模拟器
横截面形状示意图

(二)实验装置

耐高温服装热性能测试装置见图 2 – 7。采用加热圆筒形铜套作为高温辐射热源,内表面涂成黑体,铜套外表面及上、下两底面均与外界环境隔热。

用安装在铜套内表面的铂电阻传感器来测量温度,辐射加热体的内表面辐射热流量根据实验的需要而确定,因为采用的是电功率加热,所以可以通过调节电压来调节热流通量。由于热量只由内表面向外传输,因此可按照下面公式确定辐射热流通量 q_{rad}:

$$q_{rad} = \frac{VI}{S} \tag{2 – 3}$$

式中:V——输入电压;

I——输出电流;

S——铜套内表面面积。

高温加热体外缘均用绝热材料包覆,以保证热流沿铜套内表面径向流动。

用包有隔热层的弹性钢圈做成的试样架定位在磁性机架 2 上，试样被夹持在钢圈上，调节弹性钢圈的直径，从而可以调节被测试样的直径。试样与皮肤模拟器之间为空气层，空气层厚度由测试需要而确定。

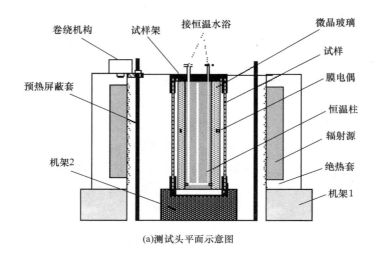

(a)测试头平面示意图

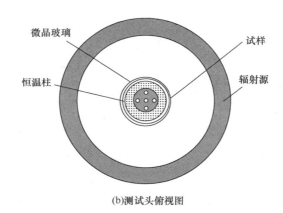

(b)测试头俯视图

图 2 - 7　防护服热性能测试圆筒仪

为了减小测量误差，在防护服热性能测试圆筒仪的热源和皮肤模拟器（织物）之间设置一层活动预热屏蔽套，由纯铜板、散热管、纤维层、不锈钢防护层四层组成。预热屏蔽套上带有圆形导轨，在自动卷绕机构的带动下它可沿着导轨上下移动，即停止或者开始热源对织物的辐射作用。预热屏蔽套中的散热铜管在测试时通常通有循环冷却水，以使热源辐射热被有效的隔开，在 600℃ 的高温辐射环境下，应保证预热屏蔽套背面的温度上升不超过 1℃。

人工微晶玻璃块固接在恒温柱上,恒温柱内设有循环水通道,循环水通道与恒温水浴相接,保证测试时恒温柱体保持恒温,模拟人体体内温度37℃。

(三)测试技术指标

如前所述,测定耐高温服装隔热防辐射性能的主要目的之一就是正确选择、搭配耐高温服装组件,测定其防热时间(t,达到二级烧伤的时间)以防止人体皮肤受到烧伤破坏。人体皮肤表面正常温度为32.5℃,但在皮肤表面下80μm(真皮层处)温度达到44℃或以上时,皮肤即发生热破坏,破坏程度Ω与暴露时间(t)及温度有关,它们之间符合Henriques烧伤积分模型这一方程式:

$$\Omega = \int_0^t P\exp\left(-\frac{\Delta E}{R(T+273)}\right)\mathrm{d}t \qquad (2-4)$$

式中:Ω——皮肤烧伤破坏程度的量化值,无量纲;

R——摩尔气体常数,8.31J/(mol·K);

ΔE——皮肤的活化能,J/mol;

P——皮肤组织频率因子,1/s;

T——皮肤表面80μm处温度,℃;

t——皮肤受热时间,s。

ΔE和P都随皮肤温度改变而改变,表2-1列出了在不同温度下人体皮肤的模拟皮肤器的两个参数值。当Ω等于或大于1时,皮肤即达到二级烧伤;当Ω等于0.53时,皮肤达到一级烧伤。

表2-1 Henriques烧伤积分模型常数表

皮肤表层温度 (℃)	皮肤活化能 (J/mol)	皮肤组织破坏频率因子 (1/s)
44≤T≤50	7.81×10^5	2.181×10^{124}
T>50	3.20×10^5	1.824×10^{51}

要从实验获得皮肤一定热辐射强度下达到二级烧伤的时间即防热时间t,必须先测出距模拟皮肤表面80μm处的温度T,为此,本装置中在皮肤模拟器表面装有一个膜电偶,另一个热电偶嵌于距模拟皮肤表面3.0mm处,分别测出其对应点处温度T_1、T_2,因此T则可以运用线性插值求温度的方法获得,然后我们将得出的模拟皮肤温度值T代入皮肤烧伤方程式(2-4)中,从而获得皮肤烧伤破坏程度。测量T_1、T_2及计算T的时间步长均为0.1s。

由于 T 是一个变化的值且与时间 t 不构成某种函数关系式,因此方程(2-4)不能通过常规求积分方法获得,我们拟对方程(2-4)求导,获得:

$$\frac{\mathrm{d}\Omega}{\mathrm{d}t} = P\exp\left(-\frac{\Delta E}{R(T+273)}\right) \qquad (2-5)$$

同样取计算步长为 0.1s,可用数值计算方法求出微分方程(2-5)在此整个计算时间 t 内的值,假定真皮层温度 T 总是在 44℃以上,因此:

$$\Omega = \sum_{i=0}^{n} \frac{\left(\left(\frac{\mathrm{d}\Omega}{\mathrm{d}t}\right) + \left(\frac{\mathrm{d}\Omega}{\mathrm{d}t}\right)_{i+1}\right)}{2}(t_{i+1} - t_i) \qquad (2-6)$$

热源被隔开后,由于外层有一层织物包覆,模拟皮肤热量不能快速散去,此时只要"真皮层"的温度在 44℃以上,皮肤烧伤破坏持续进行。采用 Henriques 皮肤烧伤积分模型的优势在于可以连续地测试计算并分析出皮肤达到不同程度的烧伤所需要的时间,弥补了当前测试方法中没考虑到冷却阶段皮肤继续受热并发生破坏的情况。

(四)试样及其测试方法、结果与讨论

1. 试样

按照国内外耐高温服装实际使用情况,我们取三层织物组合构成耐高温服组件,即阻燃层作外壳层,湿汽层居中,内为热舒适层。湿汽层和舒适层采用市场上常用的锦/棉纺平布 + PTFE 层合织物和 Nomex/棉 50/50 的混纺织物,而外壳层则选择了 Dupont 公司的 Nomex® Ⅲa 织物、阻燃棉(FR cotton)两种不同种类的织物,分别与透气层、舒适层构成了两种不同的组合,各层织物物理属性见表 2-2。测试之前,将织物放在温度为 20℃,湿度为 65% 的恒温箱内调理 12h,织物厚度用 KES 压缩仪测量。阻燃层织物的热阻用防护箱法测定。

表 2-2　织物层的物理属性

组分	原料	面密度 (g/m²)	厚度 (cm)	热阻 [℃/(m² · W)]
阻燃层	Nomex® Ⅲa	150.8	0.358	0.1602
	阻燃棉	210.6	0.560	0.1745
湿汽层	锦/棉纺平布 + PTFE 层合	173.7	0.420	—
舒适层	Nomex/棉 50/50	230.5	0.682	—

将织物裁剪成一定形状,然后将这三层织物缝合成筒状,尽量使各层之间的空气

层间隙为零。

2. 测试方法、结果与讨论

将试样放置于测试装置上,在这个实验中取组件舒适层与模拟皮肤之间的空气层厚度为5mm。开启电源,关闭预热屏蔽套,预热铜套达到一定的辐射热流通量,数据采集系统开始工作,再过20s后,启动卷绕机构,关闭预热屏蔽套,织物暴露于高温环境下,暴露时间视皮肤模拟器表面温度上升程度而定,保证其表面温度不超过90℃;紧接着关闭预热屏蔽套,切断加热电源,使系统冷却30min,将防护服组件从试验装置上移开。对每种组合的服装配件共进行8次试验,计算机以一定的间隔时间自动记录各传感器的值,获取各测量指标的平均值,从而分析并计算出模拟皮肤温升率,并预测皮肤烧伤度,绘制出织物、模拟皮肤表面温升及吸热曲线。

图2-8所示的是耐高温服装组件阻燃层外表面及舒适层内表面上的温度随时间变化的关系曲线。

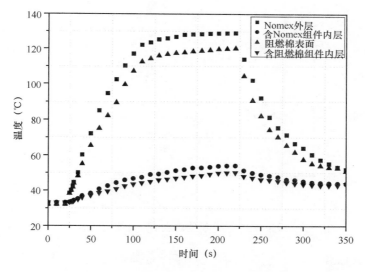

图2-8　服装组件外壳层及舒适层内表面温度变化与时间的关系

每个实验到达外壳层上的总辐射热流量均为0.21W/cm²,热辐射作用时间为200s,由图中温升曲线可以看出热传入皮肤模拟器表面大约100~110s后即可达到稳定状态。在相同的热辐射强度下,不同耐高温服组件的搭配导致其温升曲线有差异,这是由于外壳层隔热性能不同,但每种织物的温度上升趋势及冷却过程相似,可以看出这两种防护服组件的吸、放热曲线相似。温度上升到稳定状态后,组件最外层与最内层温差达到了80℃,可见多层耐高温服能有效地减少热量向服装内的传递,无论在辐射加热阶段还是在冷却阶段,外壳层"温度——时间"曲线都比内层陡峭,因此内层温度上升和下降的速度均较外壳层表面慢得多,缓冲了热量的传递。

图2-9所示是单层阻燃棉织物外表面暴露于0.25kW/m²的热流量20s后,织物内表面及模拟皮肤表面温度变化与时间的关系,每秒钟收集一次数据。就这里的热辐射通量、防护织物及空气层厚度而言,我们假定热在空气层内是以传导的形式传递的,而忽略了织物内表面向人体辐射的热量。由温度上升、下降趋势可以看出,人体皮肤下的空气层也可以提供有效的热保护,温度从织物内表面到皮肤外表面下降了近10℃。实际消防员身着消防服时,防护服与消防员之间的空气间隙内的表观温度将因消防员所处的位置、运动状态及环境温度的不同而有所不同,但是服装层下的微小空气层降低热传导率的作用是显而易见的。

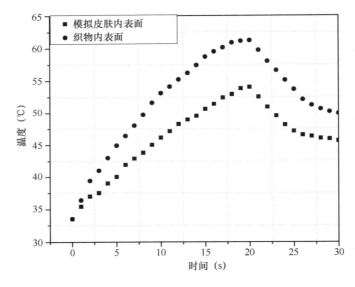

图2-9 模拟皮肤表面、织物内表面温度变化与时间的关系

运用Stoll曲线来确定防护服的防热时间t的前提假设条件是要求入射到模拟皮肤表面的热流强度保持不变,但是一旦在热源和模拟皮肤器之间放置一层(多层)织物时,热流强度会有变化,此时就会给实验计算带来很大误差,因此本实验中取Henriques的皮肤烧伤积分模型来预测皮肤烧伤度。选择表2-2中两种防护服组件的阻燃层进行单层实验,热源入射到织物外壳层的热流强度为8.1W/cm²,暴露时间为20s,整个测试时间为100s。实验中空气层厚度从1mm到9mm变化,图2-10给出了不同的空气层厚度下的模拟皮肤达到二级烧伤所需时间(防热时间)t的条形图。

在8.1W/cm²热辐射强度下,Nomex® Ⅲa与6mm厚的空气层搭配有最大的防热时间,约为7.8s;空气层厚度为7mm时,阻燃棉织物有最大的热防护时间7.2s,这可

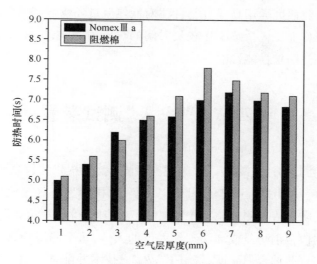

图2－10 空气层厚度——防热时间条形图

能与织物的紧度有关,我们称最长防热时间所在的空气层厚度为临界点。在临界点以下,因为空气的热传导率低,空气层厚度增加,入射到模拟皮肤的热量减小,因此其防热时间增加。然而,当空气层厚度增加到一定数值时,空气层中热传递则会以对流形式存在,从而入射到模拟皮肤的热量增加,防热时间减少。从图2－10可以看出,Nomex®Ⅲa织物的防热时间比阻燃棉的小,故Nomex®Ⅲa织物的防护效果反而没有阻燃棉的好。

(五)小结

高温"圆筒仪"是一种能够评价高温下防护织物(服装)瞬态热传递性能的测试仪器。它采用了内置膜电偶的人工晶体微晶玻璃块作为模拟皮肤器,能测试出各种热环境下皮肤受到不同烧伤程度所用时间(即防热时间)非常适合于测量石油、冶金、化工等室内高温环境及建筑消防的耐高温服装的热防护性能的测试。

由于这里所有的测试都是在皮肤干态下进行的,因此没有考虑到皮肤出汗对人体散热的影响,不过在人体暴露于非常高的辐射或对流热流强度下,皮肤烧伤所需时间也许只有几秒钟,在这几秒人体还来不及出汗,因此这时候就无须要考虑出汗对防热时间的影响。

需要指出的是这里所用高温辐射源为圆筒形,模拟了室内高温环境,即人体处于四周皆为热辐射包围。实际消防灭火时,由于辐射源相对于人体面积大得多,可假设人处在筒形辐射源中,从而将来可以方便地建立一维径向传热模型,进而可以预测耐高温服装的热防护性能。

进一步工作将研究运用高温"圆筒仪"对低热流量环境下——正常工作状态下消防员及其他高温作业工人持续工作较长时间的热应力测试,出汗及织物中含湿量对耐高温服装的隔热防护性能影响。

第四节 "火人"测试装置

比起小规模测量方法,"火人"等大规模测试方法能提供比较全面的服装热防护、热收缩等信息,但其测试费用较高,操作更为复杂,国际上有很多机构和标准化组织已经着手研制热防护服装测试装置并且制订了相应的标准。"火人"是一个装有若干个测温传感器的模拟消防员或高温工作人员的人体,每个测温传感器测的温度值代表某一部分人体皮肤的表面温度,采用了"火人"技术并配备以模拟高温辐射环境或者火场条件,结合计算机数据采集、处理和图像显示技术,对工作人员防护服装整体热防护性能进行了评价研究,即能切合热防护服装的特定使用情况,又能快速、直观、定性、定量地显示工作人员烧伤分布图像。

一、国外服装热防护性能"火人"测试方法

1962年,美国海军首次使用仪器化的燃烧假人进行服装阻燃测试,该假人表面安装了热流传感器和熔点指示器,实现假人测试法定性和定量相结合的重大突破。1972年,杜邦公司改进了假人的测试设备和记录系统,并将其命名为 Thermo-Man®。假人身高185mm,其身体表面装122个热流传感器,实验时采用多个丁烷气体燃烧器模拟各种突发的燃烧火焰,用计算机控制实验过程,记录实验数据,统计分析实验结果,报告受到二级烧伤和三级烧伤的人体表面积占总表面积的百分比,并据此绘制出烧伤曲线与 Stoll 标准曲线。接着许多国家研究机构开发的"火人"相继问世,主要有美国北卡州立大学的 PyroMan 火人以及加拿大阿尔伯特(Alberta)大学研制的火人。PyroMan 表面装有122个传感器,周围安装了8个燃烧器,如图2-11所示。阿尔伯特大学研制的火人表面装有110个热流传感器,周围安装了6个燃烧器。实验均采用丙烷气体,燃烧器点燃后,丙烷气体所产生的火焰可将假人完全吞没,计算机控制实验过程,获取数据,给出烧伤报告。此外,英国、瑞士、韩国、日本等国也相继研制出燃烧假人测试装置。

自"火人"研制成功以后,各国学者利用"火人"在服装热防护方面进行了一系列研究,主要包括利用火人模拟不同的火场状况、阻燃面料的测评与选择、热防护服结

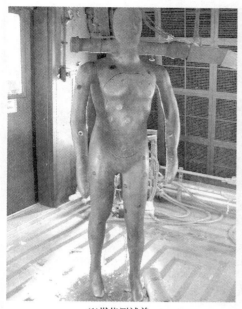

(1)燃烧测试前　　　　　　　　　　　　　(2)燃烧测试中

图 2 - 11　美国北卡州立大学的 PyroMan 火人测试装置

构对防护性能的影响以及基于火人的防护服热传递机制分析等许多方面。

目前的许多"火人"测试装置都能很好地模拟外界明火环境,一般模拟热源热能量为 $84kW/m^2$,这也是消防员灭火时处于火环境中防护服装外层所受到的热流量的一个评估值,实际上,消防员更多情况下暴露于热源的热流量比该值小。表 2 - 3 所示是一些不同火源环境下的暴露热流量值。

表 2 - 3　不同明火源发出的热流量值(Torvi,1997)

火源	煤气爆炸	JP - 4 燃料火	轰燃后火灾	丙烷爆燃
热流量	$133 - 330kW/m^2$	$167 - 226kW/m^2$	$\leqslant 180kW/m^2$	$160kW/m^2$

二、国内服装热防护性能"火人"测试方法

国内关于火人的研究较晚。最初,上海消防研究所试制的火人,因实验装置的油盘火热通量不稳定导致一系列不确定因素,再加上数据控制系统软硬件的升级问题,致使其精确度和可重复性差。另外解放军相关机构也有类似研究。相对而言,研究较成功的是 2011 年东华大学建成的"东华火人",如图 2 - 12 所示。

"东华火人"满足标准 ASTM F1930 - 2000《用假人评估轰然条件下服装阻燃性能

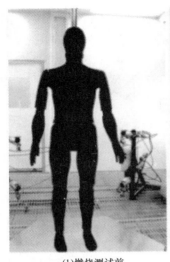

(1)燃烧测试前　　　　　　(2)燃烧测试中　　　　　　(3)燃烧测试后

图2-12　"东华火人"测试系统

的测试方法》和ISO 13506-2008《隔热防火服全套服装的试验方法：用燃烧假人预测烧伤》，还具有下列独特特征和领先技术："东华火人"是模拟中国标准男性体型特征制作的，关节部位模拟的人体相应部位，可模拟站、坐、跑、匍匐等作业活动，方便研究人体作业动作对服装热防护性能的作用。除在假人本体躯干外，同时在手、足、头等各个身体部位表面均匀设置135个高温传感器，可对服装以及呼吸装置、头盔、手套和防护靴等热防护装备的热防护性能进行单独或组合测试。在模拟火场条件下，可以不同的速度自动控制假人实施着装动态模拟实验，研究运动对人体烧伤防护的影响。

第五节　本章小结

本章主要介绍热防护功能服热防护性能的测试方法。第一节叙述了国内外常用的织物与服装阻燃性能的相关标准、测试方法及测试装置；第二节重点介绍了ASTM D 4108、NFPA 1971和NFPA 1977分别采用的一维平面热防护测试装置；第三节介绍了国外的圆筒形热防护测试装置（蘑菇筒试验法，Crown等设的圆筒仪），重点阐述了作者自主研发的模拟人体皮肤构造的"耐高温圆筒热防护测试装置"的特点及技术指标，并通过选取耐高温三层配伍织物为实验试样，实验验证了该装置在评价高温下热防护织物(服装)瞬态热传递性能方面的应用前景;第四节介绍了国内外比较成功的"火人"测试装置。

参考文献

[67]宋新平. 阻燃纺织品及其性能测试的发展动态[J]. 棉纺织技术,2001,29(1),pp. 61 −63.

[68]叶健青. 芳砜纶织物的阻燃性能和隔热性能的研究[D]. 上海:东华大学,2005,pp. 7 −10.

[69]朱平. 对纺织材料阻燃性能测试方法的评述[J]. 染整技术,1997,19,pp. 37 −38.

[70]GA 88—1994. 消防隔热服性能要求及试验方法[S]. 中华人民共和国公安部发布,1994.

[71]American Society for Testing and Materials, ASTM D4108 − 87 Standard Test Method for Thermal Protective Performance of Materials for Clothing by Open-Flame Method[S]. West Conshohocken, PA,1987.

[72]American Society for Testing and Materials, ASTM F0955 −03Test Method for Evaluating Heat Transfer through Materials for Protective Clothing Upon Contact with Molten Substances[S]. West Conshohocken, PA,2003.

[73]National Fire Protection Association, NFPA 1971, Standard on Protective Clothing for Structural Fire Fighting[S]. Quincy, Massachusetts,1991.

[74]National Fire Protection Association, NFPA 1976, Standard on Protective Ensemble for Proximity Fire Fighting[S]. Quincy, Massachusetts,2000.

[75]National Fire Protection Association, NFPA 1977, Protective Clothing and Equipment for Wildland Fire Fighting[S]. Quincy, Massachusetts,1996.

[76]ISO/TC 94/SC13. ISO 9151, Protective Clothing Against Heat and Flame-Determination of Heat Transmission on Exposure to Flame [S]. International Organization forStandardization:Geneva,1995.

[77]American Society for Testing and Materials, ASTM D1230 − 94 Standard Test Method for Flammability of Apparel Textiles[S]. West Conshohocken, PA,1994.

[78]American Society for Testing and Materials, ASTM D3659 Standard Test Method for Flammability of Apparel Textiles by Semi-ResistantMethod[S]. West Conshohocken, PA,1997.

[79] American Society for Testing and Materials, ASTM D2863 Measuring the Minimum Oxygen Concentration to Support Candle-likeCombustion of Plastics (Oxygen Index) [S]. West Conshohocken, PA.

[80] 欧育湘. 实用阻燃技术[M]. 北京:化学工业出版社,2002.

[81] 薛恩钰,曾敏修. 阻燃科学及应用[M]. 北京:国防工业出版社,1988.

[82] 李斌,等. 高分子材料科学与工程[M],2002,16(5):146-149.

[83] 邵宗龙,等. 火灾科学[J]. 1998,7(1):39-43.

[84] 阎贵琳,等. 高分子材料科学与工程[J]. 2000,16(6):112-114.

[85] 邵鸿飞,柴娟,张福军,华兰,邓卫华. 阻燃材料测试与表征方法概述[J]. 工程塑料应用,2008,36(1):69-72.

[86] American Society for Testing and Materials, ASTM D1230-94 Standard Test Method for Flammability of Apparel Textiles [S]. West Conshohocken, PA,1994.

[87] CROWN E M, DALE J D, BITNER E. A comparative analysis of protocols for measuring heat transmission through flame resistant materials:capturing the effects of thermal shrinkage[J]. Fire Material,2002(26):207-213.

[88] 朱方龙,张渭源. 新型耐高温服装的热防护性能测试仪[J]. 产业用纺织品. 2006(2):36-40,46.

[89] 张渭源,朱方龙. 一种热防护服装或织物的热防护性能测试装置. 中国:ZL200510024922.7.[P]. 2005.

[90] Henriques, F. C. Studies of thermal injury V. the predictability and the significance of thermally induced rate process leading to irreversible epidermal injury [S]. Archives of Pathology. 1947,43:489-502.

[91] 朱方龙,张渭源. 用防护箱法测量耐高温织物的热阻[C]. 第84届纺织大会论文集. 美国:北卡罗莱纳州立大学,2005,252-260.

[92] Stoll, A. M. ,and Chain, M. A. Method and rating system for evaluation of thermal protection[J]. Aerospace Medicine. 1969,40(11):1232-1238.

[93] ASTM F 1930-00 Standard Test Method for Evaluation of Flame Resistant Clothing for Protection against Flash Fire Simulation Using an Instrumented Manikin [S]. American Society for Testing and Materials,Philadelphia,PA,2000.

[94] Behnke, W. P. Geshury, A. J. and Barker, R. L. Thermo-man® and Thermo-Leg:Large Scale Test Methods for Evaluating Thermal Protective Performance. Performance of Protective Clothing[S]. Fourth Volume, ASTM STP 1133, American Society for Testing and

Materials,West Conshohocken,PA. 1992,pp. 266 – 280.

［95］ Dale, J. D. , Crown, E. M. , Ackerman, M. Y. , Leung, E. , and Rigakin, K. B. Instrumented Mannequin Evaluation of Thermal Protective Clothing. Performance of Protective Clothing［S］. Fourth Volume,ASTM STP 1133,American Society for Testing and Materials,West Conshohocken,PA. 1992,pp. 717 – 733.

［96］Behnke,W. P. Predicting Flash Fire Protection of Clothing from Laboratory Tests Using Second-degree Burn to Rate Performance［J］. Fire and Materials,1984,8（2）,pp. 57 – 63.

［97］http：//www2. dupont. com/Personal_Protection/en_US/tech_info/nomex_industrial_thermaltesting. html#THERMOMAN.

［98］STOLL A M,CHIANTA M A. Heat transfer through fabrics as related to thermal injury ［J］. Transactions of the New York Academy of Sciences,1971,33:649 – 669.

［99］SONG G W. Modeling thermal protection outfit for fire exposures［D］. USA：North Carolina State University,2002.

［100］冯爱芬,张永久. 用于检测服装隔热防火性能的假人系统［J］. 中国个体防护装备,2004（2）:23 – 25.

［101］SONG GW. Modeling thermal protection outfit for fire exposures in resting human forearm［J］. Journal of Applied Physiology,1948（1）:93 – 122.

［102］CROWN E M,DALE J D. Evaluation of flash fire protective clothing using an instrumented mannequin［R］. Canada：University of Alberta,1992.

［103］蒋毅,谌玉红,陈强. "燃烧假人"测试方法中的燃烧系统设计研究［J］. 中国个体防护装备,2007（5）:5 – 8.

［104］蒋毅,陈强,谌玉红,等. 燃烧假人法中闪火生成系统设计［J］. 纺织学报,2009,30（6）:122 – 125.

［105］王敏,李俊,李小辉. 燃烧假人在火场热防护服装研究中的应用［J］. 纺织学报,2013,34（3）:154 – 160.

［106］王敏,李小辉. 我国建成国际领先的服装燃烧假人系统"东华火人"［J］. 中国个体防护装备,2011（5）:54 – 55.

第三章 TPP 热流计测试过程与皮肤烧伤评价分析

第二章已经指出,当前热防护功能织物的隔热防护性能实验评价主要由一维、一维径向(圆筒仪)或者燃烧假人等测试设备检测,而测试设备的核心检测部件——热流计(Calorimeter)必须能很好地模拟火场高温环境下人体组织传热特性,并能较精确预测传向人体皮肤的热流量。基于此,近几十年来,国内外热防护服相关方向的研究者致力于设计开发五类用于检测服装热防护性能 TPP 的热流计,分别是:TPP 铜片热流计、嵌入式热电偶热流计、皮肤模拟热流计、Pyrocal 热流计、水冷式热流计,这五种热流计工作原理及结构特征都不尽相同。

TPP 铜片热流计与模拟皮肤热流计两者作为热防护服用织物热防护性能测试常用的热流测量用传感器,其本质类似于传热学上的吸热计量器,但其测量原理与过程却相差较大,本章在热防护性能 TPP 测试装置描述的基础上着重介绍两种类型的 TPP 热流计的测试原理和皮肤烧伤级评价的方法。

第一节 热流计测试过程分析

一、TPP 铜片热流计测试数据分析

这里制作了与仪器装置几何结构一致的铜片热流计,其结构如图 3－1 所示,厚度为 1.6mm,直径为 20mm 的铜块 1 内置于绝热石棉板 2 中,保证铜块 1 的表面与石棉板 2 表面平齐,在铜块圆心位置钻孔,孔深至铜块表距度仅为 0.5mm,K 型热电偶 3 放置于孔中测定铜块 1 的温度,用环氧树脂封闭孔口,在铜块 1 背面与石棉板 2 之间预留厚度为 3mm 的空气层。

当热源以一定热量照射到铜块表面上时,使其温度发生变化,热流量密度 q 可用式(3－1)计算:

$$q = q_{conv} + q_{rad} + q_{cond} + q_{strorage} \tag{3－1}$$

$$q_{storage} = \rho c_p d \frac{dT}{dt} \qquad (3-2)$$

式中：q_{conv}——铜块的对流散热量；

$\quad\quad q_{rad}$——铜块的辐射散热量；

$\quad\quad q_{cond}$——铜块与石棉板的横向与纵向传导热损失量；

$\quad\quad q_{strorge}$——铜块本身吸热量；

$\quad\quad \rho$——铜块的密度，取 $8910kg/m^3$；

$\quad\quad c_p$——铜块的比热，取 $0.3977kJ/kg \cdot ℃$；

$\quad\quad d$——铜块的厚度，m。

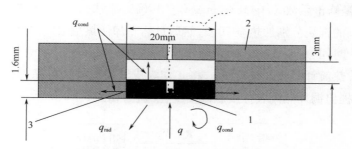

图 3 – 1   TPP 铜片热流计结构示意图

1—铜块；2—石棉板；3—热电偶

铜块的辐射散热量 q_{rad} 和对流散热量 q_{conv} 分别用辐射换热定律和牛顿冷却定律计算，符合下面的关系式：

$$q_{rad} = \varepsilon\sigma\left[(T(t))^4 - T_e^4\right] \qquad (3-3)$$

$$q_{conv} = h\left[T(t) - T_e\right] \qquad (3-4)$$

式中：$T(t)$——铜片实时温度；

$\quad\quad \varepsilon$——铜块表面辐射系数；

$\quad\quad \sigma$——斯蒂芬—玻尔兹曼常数 $[5.67 \times 10^{-8}W/(m^2 \cdot K^4)]$；

$\quad\quad h$——对流换热系数；

$\quad\quad T_e$——外界环境温度，单位℃。

铜块的传导散热量 q_{cond} 包括径向与石棉板 2 的传导换热以及与小空气层的传导换热。根据自然对流换热原理可知当封闭空间的对流特征数 *Grashof* 数小于 2000 的时候，封闭空间层内就不存在自然对流换热。实验并计算得出本装置中铜块与石棉板一段的微空气层内的空气流体介质的 *Grashof* 数为 1740，因此我们可认为这段小空气层内没有自然对流发生,仅存在铜块上表面与空气的传导换热。由于铜块热流计本身温度随时间变化,且空气热属性也随温度改变而改变,因此对流换热系数 h、铜块传导散热量 q_{cond} 都是难于确定的量。这里我们运用一个简单的方程式代替式右边前三项,即:

$$K(T - T_e) = q_{conv} + q_{cond} + q_{rad} \qquad (3-5)$$

式(3-5)可改写成:

$$q = \rho c_p d \frac{dT}{dt} + K(T - T_0) \qquad (3-6)$$

式中,K 是修正系数,$0.045 kW/m \cdot ℃$。其确定方法:将无石棉板基座的铜块与有石棉板基座的铜块分别加热至70℃,然后自然冷却使热量散发,分别计算降至某一温度值所需的时间,运用式(3-6)计算求得。

得到铜片热流计吸收的热流量 q,将 q 作为皮肤模型外边界条件,计算出皮肤温度变化,就此提出铜片热流表征皮肤温度变化流程,如图3-2所示。

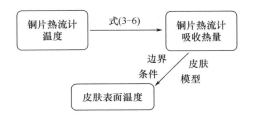

图3-2 用铜片热流计确定皮肤表面温度流程图

二、皮肤模拟器测试数据分析

高温环境尤其是强热流环境下,以穿着防护服的人体皮肤烧伤程度来评价热防护服装的耐热性能,而人体皮肤烧伤度是基于皮肤数学模型来预测的,预测模型的边界条件是热辐射源入射到皮肤热流量,而热流量是通过与人体皮肤热属性相似的皮肤模拟器测量而得,因此合理地选择皮肤模拟传感器来准确确定真实人体皮肤表面吸收热流量显得异常重要。

常温下所选模拟皮肤实验材料有多种,包括丙纶、微孔聚四氟乙烯薄膜、纯棉布等,但在高温环境下,由这些材料所做成的模拟皮肤的物理属性会随温度的变化而变化,超高温下会发生焦化,其实验重复性差。目前在热防护织物的小规模及热防护服装的"火人(Thermoman)"测试中,多用铜片热流计作为测量热源发热量及热防护织物服装性能的装置。根据测试的需要,评价热防护性能的热传感器必须满足实验耐热时间长、量程广、热属性与人体皮肤属性相似等特性。

但无论采用何种热流计,满足与人体皮肤属性相似的特性是至关重要的,否则所测量得到的热量与实际人体皮肤吸收的热量相差太大,不能真正地达到织物防护性能测量结果。因此本实验装置中制作能模拟皮肤传热的热流计——皮肤模拟器,并制作当前一些通用测试方法中常用的铜片热流计,将两者在相同条件下的测试结果作对比分析。

根据实验要求,我们选择采用与人体皮肤属性相似的人工玻璃晶体制作皮肤模拟传感器,这种物质属玻璃类材料,其热传导率为 $1.5\text{W/m}\cdot\text{K}$,而且它的热物理性能不随其表面温度改变而改变,这一点与皮肤属性极其相似;在热源的辐射下,它的表面温度上升率与热惯性参数成反比,比实际人体皮肤要小一点。另外,它还是一种耐高温绝缘材料,同时又是能在超高温领域广泛使用的耐腐蚀、绝缘材料。它的使用范围在 $-270\text{℃}\sim800\text{℃}$;由于玻璃陶瓷中的云母晶体具有一定的弹性,能制止微裂纹的延伸,因此它又具有较好的抗热冲击性能,从 800℃ 急冷至 0℃ 不破碎,200℃ 急冷到 0℃ 强度不变化,可重复进行试验,因此它非常适合于制作高温皮肤模拟器。

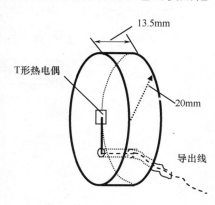

图 3-3　皮肤模拟传感器

皮肤模拟传感器结构示意如图 3-3 所示。厚度为 13.5mm 模拟皮肤传感器表面装有一只 T 形热电偶,热电偶的接线沿法向穿过模拟器接入转换器,热电偶的测量端用环氧树脂胶粘于模拟器表面,环氧树脂可耐最高温度380℃,适用于制作强热流环境下黏结剂。

最初,研究者仅考虑皮肤模拟器的受热条件与铜质热流计相似,即忽略了热源移除时受热防护层的加热缓冲作用,也就是热源为矩形波热流,根据式(3-7)可得皮肤模拟器表面温度变化值 ΔT:

$$\Delta T = \frac{2q''}{\sqrt{k\rho c_{\text{p}}}} \cdot \left(\sqrt{\frac{t}{\pi}}\right) \tag{3-7}$$

式中:q''——模拟皮肤器表面吸收热流量,℃;

k, ρ, c_{p}——模拟皮肤器的热传导率、密度、比热容。

根据测量计算得到的 ΔT,并与 Stoll 曲线比较,从而可以得出皮肤达到二级烧伤所需的时间 t_2。这种计算方法将会产生与铜质热流计相同的问题,使皮肤烧伤级别预测值与真实值存在较大的误差。

实际上,当皮肤表皮层下 $80\mu m$ 处的温度达到44℃以上时,皮肤开始烧伤,因此只要确定皮肤受热温度变化,就可以决定皮肤烧伤情况。

假设皮肤模拟器为半无限体,根据 Diller 法则,将半无限体的某一受热时间段 Δt 分成 n 个时间步长,并用热电偶测量每个步长下半无限体表面的瞬时温度 T_j,则皮肤表面吸收的热流量可用式(3-8)计算:

$$q''(t_n) = \frac{\sqrt{k\rho_{sm}c_{sm}}}{\sqrt{\pi\Delta t}}\sum_{j=1}^{n}\frac{T_j - T_{j-1}}{\sqrt{n+1-j}} \qquad (3-8)$$

式中:ρ_{sm} 和 c_{sm}——皮肤模拟器的密度和比热。

获得入射到皮肤模拟器表面净热流量 q'' 值,从而将 q'' 值代入到皮肤传热方程式中,计算得到皮肤温度值。Diller 将半无限体的某一受热时间段 Δt 分成 n 个时间步长,并用热电偶测量每个步长下半无限体表面的瞬时温度 T_j。

因此根据上一节内容,提出皮肤模拟器测量皮肤温度流程,如图3-4所示。

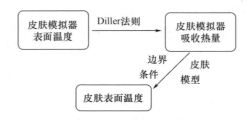

图3-4　用模拟器确定皮肤表面温度流程图

三、TPP 铜片热量计与皮肤模拟器测试温度比较

皮肤模拟器的热物理属性与人体皮肤属性相似,因此在防护性能测试中其表面温度上升应与皮肤表面温度变化表现一致。图3-5中对两个裸露传感器测试结果可以证明这一点,皮肤模拟器及皮肤表面温度上升程度比铜片表面温度上升程度快,而皮肤模拟器与皮肤之间的温度变化趋势基本上保持一致。铜片热量计与皮肤模拟器都是用来测量流过织物试样的热流量,由于它们的结构与材料传热特性不同,在受热条件下温度应不同,故它们所测量得到的热量值也不同。

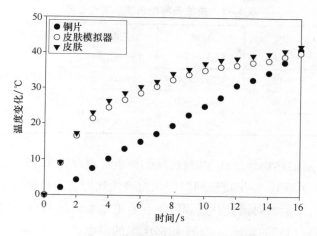

图 3 – 5　铜片与皮肤模拟器表面温度变化

（辐射能量:21kW/m²）

第二节　非恒定热流量下皮肤温度变化

获得了铜片热流计(皮肤模拟器)的表面吸收热流量值 $q(q'')$,以此 $q(q'')$ 作为外边界条件代入人体皮肤模型,从而得到皮肤温度变化。下面分别介绍传统的 Pennes 模型方程和改进的皮肤热波模型(TWMBT)。

一、Pennes 一维皮肤传热模型

第一章文献综述中介绍了计算皮肤基面温度的四个式子,但它们都仅适用于恒定的热暴露环境下,也就是任何外界辐射热或对流热的改变,都会使以上等式失效,因此就必须建立皮肤的一维传热有限差分方程,将整分成若干步长,以 Diller 法则计算得到的吸收热流量作为边界条件,得出该步长下的皮肤基面温度值,综合运用皮肤烧伤积分模型,得到烧伤时间。

结合皮肤组织的解剖结构,将皮肤分为表皮层、真皮层和皮下组织三层,皮肤基面就在表皮层与真皮层的界面,一般就认为在表皮层的内表面上,也就是在整个皮肤表面下的 0.08mm 处。各层的厚度热物理属性值如表 3 – 1 所示。

表 3 - 1　皮肤各层组织的热物理性质

皮肤分层	厚度 （mm）	比热 （J/kg·K）	血流灌注率 （m³/m³·s）	热传导率 （W/m·K）	密度 （kg/m³）
表皮层	0.08	3578 ~ 3600	0	0.21 ~ 0.26	1200
真皮层	2.0	3200 ~ 3400	0.00125	0.37 ~ 0.52	1200
皮下组织	10	2288 ~ 3060	0.00125	0.16 ~ 0.21	1000

　　假设皮肤各层的热物理属性相似；皮肤的外表面温度为 32.5℃，内表面温度与人体体内温度相同为 37℃，整个皮肤的温度从内表面到外表面是呈线性分布；皮肤为辐射学上不透明体；血液的对流换热过程发生在有毛细血管的肌肉层内，把毛细管区内肌肉和血液看成有相同的温度，且等于肌肉组织的温度；同时局部毛细血管的血液灌注率具有各向同性的特点，则可得到生物传热学中应用最为广泛的 *Pennes* 模型：

$$\rho_{skin} c_{p,skin} \frac{\partial T}{\partial t} = \lambda_{skin} \nabla^2 T + \omega_b c_b (T_b - T) + q_m + q_r \qquad (3-9)$$

式中：T、ρ_{skin}、$c_{p,skin}$、λ_{skin} ——分别是皮肤组织的温度、密度、比热和热导率；

　　　　ρ_b、c_b 和 T_b ——分别是动脉血的密度、比热和温度；

　　　　ω_b ——血液灌注率；

　　　　q_m ——组织代谢产热率；

　　　　q_r ——激光、微波等外来能量被生物组织吸收后表现为容积发热；

　　　　t ——外来能量开始作用的时间。

　　基于皮肤导热系数极小以及其依靠温度传热的特点，皮肤传热实际上主要发生在垂直于皮肤表面的一维方向，皮肤组织的一维模型如图 3 - 6 所示：

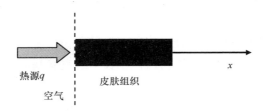

热源q
空气

x
皮肤组织

图 3 - 6　皮肤组织的一维模型

　　在皮肤为常物性以及非空间加热情况下，一维皮肤组织的传热方程式为：

$$\rho_{skin} c_{p,skin} \frac{\partial T}{\partial t} = \lambda_{skin} \frac{\partial^2 T}{\partial x^2} + \omega_b c_b (T_b - T) + q_m \qquad (3-10)$$

二、考虑皮肤组织温度振荡效应的皮肤传热模型

皮肤组织在一定条件下受外界作用而产生皮肤组织内温度振荡的现象是生命热研究和探索一个引人注目的成就。皮肤组织温度振荡效应是指在一定条件下皮肤组织受到外界热（或冷）作用时每一点温度并非随加热时间单调增加（或单调下减），而是在一定范围内上、下波动的现象。该效应的最早报道可以追溯到理查森（Richardson）等 1950 年的工作，此后经一些学者的努力，相继有了一系列实验发现，现已观察到的各类型温度响应模式有：温度的单调变化、衰减型振荡、等幅振荡以及振幅放大型振荡。与此同时，不同的研究者也都在寻求建立该效应的振荡理论，力图揭示其物理本质，也给出过一些尝试性探讨，但因其在各类实验事实下难圆其说，而未能给出对该效应物理机制的清晰认识。

通过细致的分析，刘静等认为现有几乎所有的生物传热模型在建模中均未考虑生物组织内部热传播速度有限这一原本十分明显的真实特点，因而所有已建模型中温度均仅为时间的一次导数形式而无法刻画温度振荡效应。

最经典的导热定律是建立在 Fourier 热流定律的基础之上的，即

$$q(\bar{x},t) = -\lambda \nabla T(\bar{x},t) \tag{3-11}$$

式中，$\bar{x}$ 表示位置矢量。

但这一建立在宏观观察和实验基础之上的等式的成立实际上隐含了这样一个假设，即认为介质中的热传播速度无限大，这就相当于只要物体内某处存在热扰动的作用，而不需要时间上的延迟或松弛，这显然与人体皮肤等生物体传热不相符合，这也是 Fourier 导热定律潜在的一个缺陷。继麦斯威尔（Maxwell）后，法国科学家卡塔内奥（Cattaneo）于 1948 年再次指出了这一不足，自那时起，物理学家以及传学学者对此进行了大量的研究。实际上可以用热波理论解释热振荡效应现象，并加以验证。

考虑到热传播的有限速度的情况，热流定律可以修正为：

$$q(x,t+\zeta) = -\lambda \nabla T(x,t+\zeta) \tag{3-12}$$

式中，ζ 为热扰动作出响应的松弛时间，它可表示为：

$$\xi = \alpha / C_v^2 \tag{3-13}$$

式中，α 为热扩散率；C_v 表示热波在介质中的传播速度，通常称之为"第二声速"。

将式（3-12）展开后，得

$$q(x,t) + \xi \partial q(x,t)/\partial t = -\lambda \nabla T(x,t) \tag{3-14}$$

应该指出的是，当 ξ 极小即热传播速度无限大的时候，可以不考虑热波效应，这

正是通常的做法,对于金属及大多数非金属材料,此简化已足够正确,然而对于像皮肤等生物体这一特殊介质来说,热波效应的考虑并不是可有可无。于是可以将热波理论与生物传热学研究关联起来,从而建立皮肤组织温度振荡效应的热波理论模型,结合方程和 Pennes 传热方程,得到皮肤传热的热波模型为:

$$\nabla(\lambda\nabla T) + \left[\omega_b\rho_b C_{p,b}(T_b - T) + q_m + q_r + \xi\left(-\omega_b C_{p,b}\frac{\partial T}{\partial t} + \frac{\partial q_m}{\partial t} + \frac{\partial q_r}{\partial t}\right)\right]$$
$$= \rho_{skin}C_{p,skin}\left[\xi\left(\frac{\partial^2 T}{\partial t^2}\right) + \frac{\partial T}{\partial t}\right] \tag{3-15}$$

当 $\xi\to 0$,式即转化为著名的 Pennes 生物传热方程。由于皮肤组织中热传播速度远较其他材料如金属等为小,其热松弛时间 $\xi\approx 20\sim 30s$ 远大于金属等的 $\xi\approx 10^{-10}\sim 10^{-14}s$,因而能考虑了热有限传播速度的热波模型更合理,更能反映皮肤组织传热的本质。本书为了能更好的说明问题,所有的有关皮肤热波模型方程的 ξ 设为 20s。

人体的手臂、腿等可近似看作圆柱体的径向传热情况,我们也研究圆柱坐标情况下的皮肤受热烧伤。我们根据平面坐标下的方程式(3-15)推导出圆柱坐标下皮肤传热波动模型:

$$\xi\frac{\partial^2 T}{\partial t^2} + (1 + \xi\omega_b c_b/\rho_{skin}c_{skin})\frac{\partial T}{\partial t} = \alpha\left(\frac{\partial^2 T}{\partial r^2} + \frac{1}{r}\frac{\partial T}{\partial r}\right) +$$
$$\frac{\omega_b c_b}{\rho_{skin}c_{skin}}(T_b - T) + \frac{\alpha}{\lambda_{skin}}\left(q_r + q_m + \frac{\partial q_r}{\partial t}\right) \tag{3-16}$$

式中,$\alpha = \lambda_{skin}/\rho_{skin}c_{p,skin}$ 为皮肤的热扩散系数。上式在自身稳态时,此时无外界加热,$q_r = 0$,因此皮肤组织内的温度分布 $T_i(r,0)$ 可写成:

$$\lambda_{skin}\frac{\partial T_i}{\partial r^2} + \frac{\lambda_{skin}}{r}\cdot\frac{\partial T}{\partial r} + \omega_b c_b(T_b - T) + q_m = 0 \tag{3-17}$$

将式(3-17)与式(3-18)相减可得,

$$\tau\frac{\partial^2\theta}{\partial t^2} + (1 + \tau\omega_b c_b/\rho_{skin}c_{p,skin})\frac{\partial\theta}{\partial t} = \alpha\left(\frac{\partial^2\theta}{\partial r^2} + \frac{1}{r}\frac{\partial\theta}{\partial r}\right) - \frac{\omega_b c_b}{\rho_{skin}c_{p,skin}}\theta + \frac{\alpha}{\lambda_{skin}}\left(q_r + \xi\frac{\partial q_r}{\partial t}\right)$$
$$\tag{3-18}$$

这里,θ 为基于稳态温度的温升,即 $\theta(r,t) = T(r,t) - T_s = T(r,t) - T(r,0)$。

第三节　皮肤烧伤度确定方法

　　测试防护服装的热防护性能,需要在背离织物受热一面放置铜片热流计或皮肤模拟传感器测试通过织物的热流量,从而将吸收的热量转化为皮肤烧伤级别的判断。因此,无论是用铜片热流计还是用皮肤模拟器作为测试传感器,最后都是要得到在一定热暴露条件下,量化出皮肤烧伤时间,才能对织物热防护性能进行评价。本节将针对测试系统中制作的铜片和模拟皮肤传感器,分别介绍用两种不同传感器测试时如何确定皮肤烧伤级别。

一、铜片热流计

　　斯托尔(Stoll)对动物皮肤进行实验,将动物皮肤达到某一烧伤级别的所吸收的热量根据一定的转化关系转化为铜片吸收热量,通过吸收的热量反推出铜片温度上升值,得到温度与时间关系曲线,即为著名的 Stoll 曲线(图 1 – 14)。根据 Stoll 准则,实验测试中,只需实时作出辐射作用下铜片温度时间关系曲线,并把该曲线与 Stoll 曲线作比较,若两者不相交,就表示"皮肤"没有达到二级烧伤,否则,"皮肤"二级烧伤,两者交点的横坐标即为二级烧伤所用的时间。裸露的铜片(无织物覆盖)在强辐射热流作用下,其反应特征是随时间增长,铜片温度成线性上升,在 $21kW/m^2$ 热辐射作用下,本装置所测试得到的铜片热流传感器温度上升曲线如图 3 – 7 所示,Stoll 曲线与铜片温升曲线相交点即为"皮肤"达到二级烧伤时间 t_2。

　　热防护服装测试(铜片热流计)及皮肤烧伤评估基本组成如图 3 – 8 所示,辐射能量传到织物表面,然后使织物升温,从而使热量通过高温织物以对流、辐射换热形式传到铜片传感器表面,以传感器温度与时间变化曲线与 Stoll 曲线作比较,得到烧伤时间。

二、皮肤模拟传感器

　　建立皮肤有限差分模型,是为了计算得到皮肤基面温度。为了预测皮肤烧伤度,将测试分析并计算得到的基面温度作为输入参数代入到 Henriques 皮肤烧伤积分模型:

$$\frac{\mathrm{d}\Omega}{\mathrm{d}t} = P\exp\left(\frac{-\Delta E}{RT}\right) \tag{3–19}$$

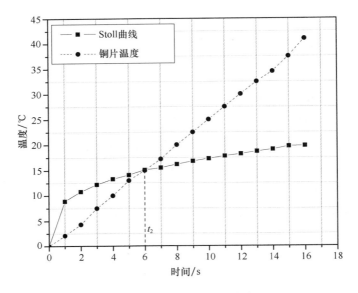

图 3 - 7　铜片温度反应曲线

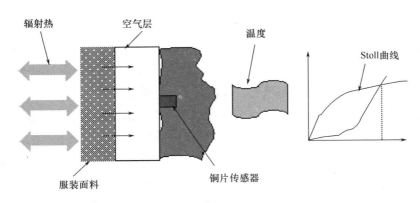

图 3 - 8　防护服装传热及"皮肤"烧伤评估组成图

通过积分得式(3 - 20)：

$$\Omega = \int_0^t P\exp\left(\frac{-\Delta E}{RT}\right)\mathrm{d}t \qquad (3-20)$$

由于温度 T 不与时间成某种函数关系式，不能通过解析法求得 Ω 值，因此，须采用数值方法，将整个受热过程中皮肤温度在 44℃ 以上的时间 t 划分成 n 个小区间 $[t_0,t_1]\cdots\cdots[t_{n-1},t_n]$，运用梯形法则求整个区间上的积分和。令 $P\exp\left(\dfrac{-\Delta E}{RT}\right)\mathrm{d}t$ 等于

$f(t)\mathrm{d}t$，则式（3 - 21）的一般形式为：

$$\int_0^t P\exp\left(\frac{-\Delta E}{RT}\right)\mathrm{d}t = \int_0^t f(t)\mathrm{d}t \approx \sum_{i=0}^n \frac{f(t_i) + f(t_{i+1})}{2}\cdot\Delta t \qquad (3-21)$$

用这种方法进行求解的优势在于考虑到烧伤过程的连续性，即当皮肤暴露于热源，表面温度开始上升，若超过44℃，此时皮肤就要烧伤破坏，烧伤破坏程度与温度上升快慢有关；而一旦撤除热源，皮肤此时开始冷却，但只要皮肤温度还保持在44℃以上，皮肤继续烧伤破坏，特别当人体穿着多层防护服装时，由于服装的热积聚作用，即使在移除热源后，仍然继续有热量作用于皮肤，使皮肤继续被烧伤破坏。热防护服装测试（皮肤热流计）及皮肤烧伤评估基本组成如图3 - 9所示。

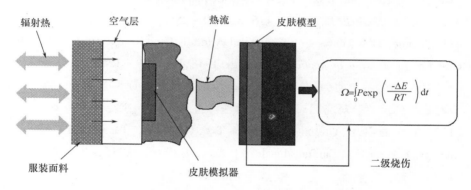

图 3 - 9　防护服装传热特性及 Henriques 皮肤烧伤积分模型图

第四节　本章小结

本章重点介绍了 TPP 铜片热流计与模拟皮肤热流计的测试原理及过程，从中确定了修正系数 K，计算出入射到皮肤模拟器表面的热流量 q''；又应用 Pennes 传统方程或者 TWMBT 模型方程，计算皮肤温度分布，结合 Henriques 皮肤烧伤模型，总结出皮肤烧伤级评价的方法。具体过程概括如下：

1. 确定了修正系数 K，入射到铜片热流计的热量用式（3 - 6）计算；皮肤模拟器表面热电偶测量模拟器表面的温度 T，根据 T 并结合 Diller 法则计算入射到皮肤模拟器表面的热流量 q''。

2. 以热流量 q 或 q'' 作为 Pennes 传统方程或者 TWMBT 模型方程外边界条件，通过离散化分析模型方程计算得到皮肤温度分布。

3. 运用通过计算得到皮肤基面温度,并结合经典的 Henriques 皮肤烧伤模型,得到皮肤二级烧伤时间。

参考文献

[107]J. Edwards,Development of an Instrumented Dynamic Mannequin Test to Rate the Thermal Protection Provided by Protective Clothing[D]. Thesis of MS,Worcester Polytechnic Institute,2004.

[108]李瑜璋 . 用"消防假人"测定消防员人体烧伤程度[J]. 消防科学与技术 . 1999,2,pp. 29 – 30.

[109]D. A. Torvi and J. D. Dale,A Finite Element Model of Skin Subjected to a Flash Fire[J]. *ASME J. Biomech. Eng.* 1994,116,pp. 250 – 255.

[110]Pennes HH. Analysis of Tissue and Arterial Blood Temperature in Resting Human Forearm[J]. *Journal of Applied Physiology.* 1948,1,pp. 93 – 122.

[111]王朴宣,王艳明,蔡伟明 . 直角坐标系中第二类边界条件下一维生物组织温度场的稳态解及实验研究[J]. 工程热物理学报,1995,16(1),pp. 65 – 69.

[112]Roemer R. B,Oleson J. R,Cetas T. C. Oscillatory Temperature Response to Constant Power Applied to Canine Muscle[J]. *Amer. J. Physiol.* 1985,249,pp. 153 – 158.

[113]刘静,王存诚 . 生物传热学[M]. 北京:科学出版社,1997,232,pp. 340 – 345.

[114]刘静 . 生物传热正反问题求解方法及活体组织温度振荡机理的研究[D]. 北京:清华大学热能工程系,1995.

[115]KaminskiW. Hyperbolic Heat Conduction Equation for Material with a Nonhomogeneous inner Structure[J]. *ASME Journal of Heat Transfer.* 1990,112,pp. 555 – 560.

[116]Yang W. H. Thermal Shock Biothermomechanical Viewpoint[J]. *ASME J. of Biomechanical Eng.* 1993,115,pp. 617 – 621.

[117]刘静,任泽霈,王存诚 . 生物活动组织温升振荡效应的热波理论[J]. 中国医学物理学杂志 . 12(4),pp. 215 – 218.

[118]Henriques,F. C. ,Jr. ,Studies of Thermal Injuries V. The Predictability and the Significance of Thermally Induced Rate Processes Leading to Irreversible Epidermal Injury [J]. *Archives of Pathology.* 1947,43,pp. 489 – 502.

第四章 热防护服用织物传热性能测试与分析

在实际生活或工业生产如消防、冶金、建筑等部门以及军事领域,需要对在高温或超高温条件下工作的人体或部件进行外层或内层保护,避免损伤或破坏,所采用的保护性材料即为热防护材料;热防护材料包括各种耐高温纤维织物(如有机物、针织物、毡和非织造布)、耐高温有机膜(如有机硅橡胶)等,纺织热防护材料就是以织物为中心开发的各种热防护材料,而热防护织物就是属于柔性防护材料其中的一种,这些纤维质的热防护材料主要具有良好的耐热性和绝热性,随受保护体的变化而产生相应的形变,具有可承受一定的伸长和较大张力等优点。

顾名思义,热防护织物首先必须具有优良的隔热性能,不易传热,从而才能起到热防护作用,由于外界热作用方式的多样性,而且热在防护织物中热传递方式也不同,因此不能用单一传热指标来评价织物隔热性能的好坏。目前国际上评价热防护织物隔热性能指标主要有两种:热传导性能和热防护性能。热传导性能是织物传导热量的一种属性,可用导热系数指标表示;热防护性能主要是指织物传递热量的一种属性,包括辐射和对流换热,常用指标有皮肤二级烧伤所需时间 t、TPP(RPP)值等。

同时,热防护织物热传导性能也是关系到人体舒适性的重要因素,因而其热传递性能自然成为热舒适性研究的重要内容。近些年来对传递性能的研究较为活跃,研究范围较广,包括的内容也相当多,概括起来主要有以下两个方面:其一为测试原理、测试方法的研究;其二为织物热传递性能的研究。包括热传递原理、影响因素的研究,也包括模拟服用条件进行的测试分析和综合评价方法的探讨。

第一节 防护织物的热传导机理及测试方法

一、纺织隔热材料的导热机理和导热系数

织物材料是一种气、固相都连续的隔热材料,其特点是固相和气相都以连续相的

形式存在,在高温条件下,其内部不仅存在气相和固相的热传导而且存在热辐射。对于热传导的解释是物质内分子或晶格随机运动中直接的动能交换,使物体同另一物体或另一物体同另一部分之间发生的内能交换。这种能量或热量的流动是由能量较高的粒子与能量较低的粒子的换能。由于气体和固体作为热的导体或非导体的热传导机理,本质上都是微观粒子,如原子、电子、分子和声子的相互作用与碰撞,因此,尽管性质和机理不同,但粒子化后的导热系数的数学表达式应该是相同的,差别应该只是其中的物理量的含义不同。

纤维是一聚集态结构复杂、具有孔隙、大多能透光的物质,因此依据前述热传导机理可将其内部热传导的各种形式结合起来。由此可得多重机制的热传导系数表达式:

$$\lambda = \frac{1}{3}\sum_{i=1}^{4} C_{vi} \cdot \overline{\nu_i} \cdot \overline{l_i} \qquad (4-1)$$

式中,i 分别表示四种不同的导热载体,如分子、电子、声子和光子。对不同的物质和环境来说,只是各种载体所起作用的量不同。

纺织隔热材料的隔热性质在众多材料中属于理想的多孔材料,其热传递机理非常复杂,影响因素很多,包括分子导热机制(气体分子导热部分)、声子导热机制(纤维颗粒的固相导热部分)、光子导热机制(辐射贡献部分)以及电子导热机制(微颗粒挡光物质的固相导热部分)。

热防护织物的热性能受其纤维种类、织物结构不同而具有各自的特性,所以准确的理论其热性能——导热系数是相当困难的,影响织物导热系数的物理、化学因素很多,导热系数对物质的晶体结构,微空间结构、组分的很小变化都较敏感。因此,准确的预测热防护织物导热系数的理论计算公式、方程式、经验式很少,尤其在高温条件下的更少。

二、国内外对服用织物有效导热系数的研究

纺织品热传递性能的研究应考虑到人体散热是通过对流、传导、辐射、蒸发四种途径进行的传热原理,因此许多学者在对热传递性能研究时考虑到了热学上的传导换热、对流换热和辐射换热原理。长久以来许多学者对织物材料的热性能研究做了大量的工作,这些研究都沿着两条并行且相关的路线。

一是实验测试方法。主要是利用测试仪器对织物试样进行测试,包括恒温法、冷却速率法、平板法、脉冲法和 DSC 法。恒温法是将织物放在恒温热板的一侧,发热体其他各面均被绝热保护,测定保持热板恒温所需要的热量,由此来计算织物的导热系

数、热阻值、保温率来说明织物保温性能。GB11048－89——纺织品保温性能试验方法，FZ/T01029－1993纺织品稳态条件下热阻和湿阻的测定中热阻的测试，都属于恒定温差法；冷却速率法是将纺织材料包覆在热体一面或将热体全部包覆，将包覆后的热体加热到一定的温度后让其自然冷却，测量热体冷却至一定温度所需时间，或测量热量在一定时间内的温度降低值，用冷却速率表示织物的热阻性能；平板法是将织物试样夹在两个温度不同的恒温热板和冷板之间，用薄的平板热流传感器测定流过织物的热流量，从而可以计算织物的导热系数。里斯（Ress）对这一方法进行了改进，他将一块标准热阻和织物试样并列夹于具有恒定温度梯度的两板之间，测量各层的温度分布，可以较快而准确地测定织物材料的导热系数或热阻值；脉冲法是将织物试样在炉体中被加热到所需要的测试温度。然后，由激光发生器或闪光灯产生一束短光脉冲对试样表面进行加热，用红外探测器测量织物背面温度随时间上升的关系。前三种方法属稳态测试方法，最后一种属非稳态测试方法。稳态测量精度高、设备复杂，用于精确测量；非稳态测量设备简单、测试时间短但精度较差。

另外一种是模型方式，通过简化的多孔材料几何体模拟纤维相对排列，再运用分析方法拟合其导热模型。比较著名的有欧根（Eucken）方程式、莱塞尔（Russel）方程和洛勃（Loeb）方程。最为经典的模型是莫斯（Morse）方程，该方程是通过测定织物中纤维固含率和空隙率计算织物的有效导热系数：

$$\lambda_e = x(\nu_f\lambda_f + \nu_a\lambda_a) + y\frac{\lambda_f \cdot \lambda_a}{\nu_a\lambda_f + \nu_f\lambda_a} \tag{4-2}$$

式中，ν_f 和 ν_a 是纤维和空气的体积百分率；λ_f 和 λ_a 分别是纤维和空气的导热系数；等式中 $x + y = 1$ 以及 $\nu_f + \nu_a = 1$。

第二节 高温辐射环境下织物导热系数的实验研究

逆温差环境下（环境温度高于人体体温），尤其是高温高湿工作状况下，测量防护织物导热系数与常温情况不同，防护热平板仪测定辐射属性时，是将热板设定温度为36℃而与人体皮肤散热机理相似，主要针对皮肤外层到里层的传导辐射传热，而在高温下我们更注重外层服装隔热性能，以防止人体受热灼伤。本节正是基于高温环境下，热量是通过空气经由对流及辐射传递给"服装—空气—人体"这一着装系统，自制装置来测定防护织物在外层热空气对流和辐射的联合传热时的热辐射系数，为设计防护服外层选择织物辐射等物理属性参数提供重要依据，符合实际穿着自然状态,无须在热板压缩服装材料状态下也可以测量,并且由此得出对流传热系数。

从实验研究方面,主要解决如何精确地测量其导热系数问题。我们知道,测定导热系数方法一般分为稳态法和非稳态法两大类。在稳态测试方法中,试样内温度的分布是不随时间而变化的稳态温度场,当试样达到热平衡以后,借助测量试样每单位面积的热流速率和温度梯度,就可直接测定试样的导热系数。在非稳态测试方法中,试样内温度的分布是随时间而变化的非稳态温度场,借助测量试样温度变化的速率,就可测定试样的导温系数,而无须测量热流速率,由导温系数、比热和密度就可计算出试样的导热系数。

综上所述,参照相关文献,对各种测试方法进行比较,考虑本实验研究的具体条件(高温、低导热性)以及经济情况,使用试件的结构特点,采用了一维稳态平板法。一维稳态平板法具有测试和计算简便,操作方便,测试数据可信度高,再现性好等优点。同时参照国标 GB 11048 – 89 设计制造了一台测定热防护织物材料导热系数的实验装置,并测定了其在一定条件下的导热系数。以下对一维稳态单板法的实验模型、测试方法以及实验装置作一定的分析;最后用误差理论对实验装置进行了误差分析,认为该装置所测数据可作为热防护服装设计与制作的参考。

稳态单板法测织物导热系数关键一点是设法在试样内建立起一维稳态温度场,以便准确计量通过试样的导热量及其两侧的表面温度。在满足一维的稳态温度场的条件下,可直接由式(4 – 3)求解:

$$\lambda = q \frac{1}{dT/dx} \tag{4 – 3}$$

式中:q——热流密度,W/m^2;

dT/dx——试样内的温度梯度,$℃/m$;

λ——织物试样的导热系数,$W/m \cdot ℃$。

利用上式求解导热系数,就必须布置实验,使实验模型满足描述一维导热模型式的要求,否则就不能利用上式计算,或者最后计算结果误差很大。只要满足上述要求的实验模型,使平板内维持一维稳态温度场,测试出试样的厚度 δ,试样的有效传热面积 A,通过试样面积 A 的热流量 Q 以及试样两表面的温度 T_1 和 T_2 等值,则由式(4 – 3)可求得 T_1 与 T_2 平均温度下导热系数值。因此实验设置就必须要满足一维热传导的边界条件,另外,为了提高测试精度,应该使温度区间 $[T_1, T_2]$ 尽可能小。

一、测量导热系数的理论分析

国家标准 GB 11048 – 89 中描述了一种用单板法测量织物导热系数方法,试样与发热板接触,热板温度不宜超过 200℃,因此根据这种标准方法所制作的织物平板仪操作温度范围窄,且因为热板的辐射性质随温度不同而有所改变,尤其在高温下热板辐射能量波谱变化更大,从而不能测试出高温下织物导热系数值。另外,对于织物在辐射与对流联合热源受热环境下的导热性质与接触热源(热板)的导热性质又有所区别,这主要是因为辐射与对流的外边界条件改变了织物的导

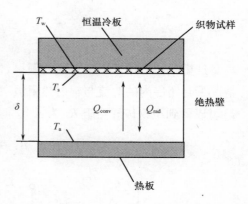

图 4 – 1 单板法传热模型

热性能。本章节根据国标 GB 11048 – 89 方法及实际防护织物受热辐射情况,提出了一种单板法测试模型,如图 4 – 1 所示。

首先,系统中没有放置织物试样,达到稳态时,恒温冷板与热板表面都维持在恒定的温度,输入功率已知,那么此时冷板与热板之间的热阻 R'_0 可用式(4 – 4)表达:

$$R'_0 = \frac{T_a - T_w}{P_0} \qquad (4-4)$$

式中,T_w 是冷板表面温度;T_a 是热板表面温度;P_0 是输入功率。

若将一块待测试样放置于冷板的表面,待系统达到稳定状态,此时热板与冷板之间的热阻 R_0 可用以下公式计算:

$$R_0 = \frac{T_a - T_w}{P_1} \qquad (4-5)$$

式中,P_1 是维持冷、热板所设置温度需要的电功率。

根据传热学中的欧姆定律形式,本装置中各种传热形式的热电模拟如图 4 – 2 所示,假设试样放置前、后箱内对流热阻分别为 R'_c 和 R_c,辐射热阻为 R'_r 和 R_r,如图 4 – 2 所示,而 R_1 是织物的传导热阻,T_w 是冷板表面的温度,维持在恒定温度。其中 R'_0 又等于:

$$R'_0 = \frac{R'_c \cdot R'_r}{R'_c + R'_r} \qquad (4-6)$$

R_0 也可用式（4 - 7）计算，

$$R_0 = R_1 + \frac{R_c \cdot R_r}{R_c + R_r} \qquad (4 - 7)$$

这里我们给出了一个首要的假设，即认为放置织物试样与未放置织物试样两种情况下封闭层内的对流与辐射热阻值不变，同为 R_c 与 R_r，那么由式（4 - 6）和式（4 - 7）可以得到织物传导热阻 R_1 为：

$$R_1 = R'_0 - R_0 \qquad (4 - 8)$$

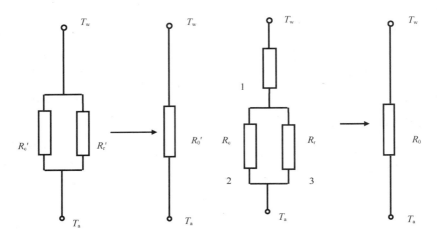

图 4 - 2　封闭箱体内上下表面热阻电模拟图

虽然恒温冷板与热板的温度差在整个实验中保持相等，然而，由于试样放置前后，对流辐射换热两个边界产生了不一致的温差，因此对辐射与对流换热量产生了影响，必然导致系统测试误差，我们可以用对流或辐射热阻值改变来说明，前面所假设的条件也不能满足，主要原因如下：

（1）放置织物试样后箱内的对流热阻比放置试样前的对流热阻大，也就是说 $R_c > R'_c$。这是因为在冷板上放置试样后，若要求 T_w 保持不变，那么织物试样表面的温度 T_s 必然比 T_w 高，所以封闭体内温差将减小，从而会削弱封闭体内的对流作用，相应的对流热阻将增大。实际上，对流换热量可用式（4 - 9）进行计算：

$$Q_{conv} = h_c \cdot \Delta T \qquad (4 - 9)$$

式中，h_c 是对流换热系数，对流热阻 R_c 为：

$$R_c = 1/h_c \qquad (4 - 10)$$

根据对流实验及理论,该模型封闭体内的自然对流符合下列经验关系式:

$$Nu = c(Ra)^n \qquad (4-11)$$

式中,Nu 是努谢尔特($Nusselt$)数,根据对流经验关系式(4-12)确定:

$$Nu = h_c l / \lambda \qquad (4-12)$$

Ra 是雷诺($Raleigh$)数:

$$Ra = \frac{g\beta\Delta T l^3}{\nu a} \qquad (4-13)$$

综合比较式(4-11)、式(4-12)和式(4-13),可得:

$$h_c = \frac{c\lambda}{l}(Ra)^n \qquad (4-14)$$

上列各式中,c 和 n 分别是与封闭体及装置本身有关的参数,须要实验确定;

g 是重力加速度;

l 是特征长度;

λ、β、ν 和 a 分别是封闭体内空气导热系数、热膨胀率、动态黏度以及热扩散系数。

封闭箱内温度差在某一范围内时,空气热物理属性值变化很小,我们可以近似认为对流换热系数 h_c 正比于温差,即:

$$h_c \propto (\Delta T)^n \qquad (4-15)$$

放置试样后,ΔT 减小,h_c 减小,即对流热阻 R_c 将增大。

(2)放置织物试样前后封闭体内的辐射换热量也不相同。这里我们仅考虑辐射换热发生在冷板与热板之间,封闭体的侧面由抛光金属组成,不参与辐射换热,那么其辐射热换量可用式(4-16)表达:

$$Q_{rad} = \frac{\sigma(T_a^4 - T_w^4)}{\dfrac{1-\varepsilon_1}{\varepsilon_1 S_1} + \dfrac{1}{S_1} + \dfrac{1-\varepsilon_2}{\varepsilon_2 S_2}} \qquad (4-16)$$

式中,ε_1 和 ε_2 分别是热板与冷板表面的辐射系数;S_1 和 S_2 分别是热板与冷板的表面积;σ 是史蒂芬—玻尔兹曼常数。放置试样后,试样表面的温度 T_s 比冷板表面温度 T_w 高,从式中可以看出辐射换热量将减小,因此辐射热阻将增大,即 $R_r > R'_r$。

(3)织物表面辐射性质不同也会影响到封闭体内辐射换热量,特别是放置试样后,试样表面的辐射系数与放置前冷板表面的辐射系数相差较大,辐射换热量值改变也较大。

综合上面分析,按照 GB 11048－89 标准中描述的单板方法及测试原理所测试织物的导热系数有一定的系统误差,因此需要运用有限空间对流及辐射换热理论对封闭体内传热进行分析,以使传到织物表面的能量计算值符合实际值,从而使测量值与真实值更加接近。下文即是通过对封闭体内传热进行分析,得出改进单板法测试织物试样导热系数的分析理论。

二、改进单板分析方法

由图 4－1 和图 4－2,可得织物试样的传导热阻 R_1：

$$R_1 = \frac{T_s - T_w}{P_1} \qquad (4-17)$$

P_1 和 T_w 都是可以确定的量,要获得 R_1 值就是转化为如何确定试样表面温度 T_s 值。封闭体内不能用非接触式装置(如红外热像仪)测量织物表面温度,只能用热传感器(如热电偶)测温,并且织物属于一种多孔介质物质,表面柔软,因而不能保证热传感器与织物表面紧密接触,故所测试出的织物表面温度存在误差,这里采用一种新型分析方法求织物试样表面温度 T_s。首先要建立封闭系统内的自然对流经验关系式,从而可以决定参数 c 和 n 值,然后根据封闭体内能量平衡,即总功率等于辐射与对流换热量,迭代出试样表面温度 T_s 值,T_s 满足：

$$P_1 = Q_{rad} + Q_{conv} \qquad (4-18)$$

其中,Q_{conv} 可用式(4－9)计算,Q_{rad} 可用式(4－16)计算。

封闭体内对流换热系数按照下述过程决定:在未放置织物试样前,也就是空置测量时,辐射换热量 Q'_{rad} 可以根据式(4－16)计算,再将输入功率 P_0 减去 Q'_{rad} 可得对流换热量 Q'_{conv},即：

$$Q'_{conv} = P_0 - Q'_{rad} \qquad (4-19)$$

因此,对流换热系数 h_c 可写作：

$$h_c = \frac{Q_{conv}}{(T_a - T_w)} \qquad (4-20)$$

改变热板表面温度 T_a 值,获得不同 T_a 下对流换热系数 h_c 值,再通过最小平方法,建立对流换热实验关联式。

三、测试装置的结构及控制系统

　　基于上面的分析,在有热源高温环境下,热量主要是通过热源辐射和周围热空气对流联合的传热方式传给外层服装。因此本章节拟研究在这种逆温环境下,如何测定服装面料表层的导热系数。结合单板热板仪测试热阻的原理,并对前文中热防护测试箱体进行改造,研制了一维的热防护箱热辐射测定仪,装置如图4-3所示。

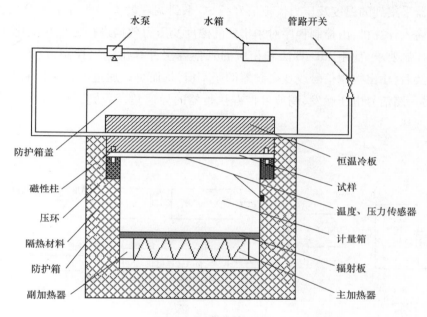

图4-3　测试仪器主体

　　内截面尺寸为 Φ155mm 的热计量箱位于防护箱内,计量箱的箱壁与防护箱壁之间充满的是耐高温的绝热保温材料,取厚度为44mm。计量箱内的辐射热源采用电阻加热器,可以测定输入电功率即热流量。其中加热器中的主加热器为80mm×80mm的方形加热器。为防止主加热器热流沿径向和底向热损失,在主加热器侧面和底面设置了两个辅助加热器,在主、辅加热器之间有隔热层。在主、副加热器的隔热层两面放置了4个热电偶,监测它们的温度,从而可以依此调节加热器的功率输出,全部加热器均采用直流电加热,通过调节各加热器的功率,使主辅加热器之间隔热层两面温度相等而成为绝热壁,保证主热器的热流全部一维传递,方便确定在稳态下到达织物试样表面的热流量。在辐射热源上放置有确定辐射系数的辐射板。恒温冷板安装在计量箱顶,恒温板由传热系数大的铜材料做成并且表面涂成黑色,这样可以保证板上表面温度一致,板表面温度维持在一个实验需要的恒定温度,取板厚为26mm,沿着冷板的直径方向开有七个截面为圆形、直径为9.525mm的水冷却通道,在贴近放置织物试样的一面开有凹槽，内放置铂电阻传感器测定冷板表面及织物贴近平板一面的实时温度。在热板与冷板表面分别放置两个差分电偶监测它们的温度。

整套装置由测量和控制系统组成，使用美国 National Instruments 公司的 PXI 设备和 Labview7.0 软件建立基于虚拟仪器技术的织物导热系数测试及恒温板温度闭环控制平台，采用 PXI 总线规范系统连接设备，其测控原理如图 4－4 所示，由热电偶及压力传感器采集到的温度及压力模拟信号经 SC 系列调理设备调理后经 A/D 转换成标准信号输入计算机，由控制程序对采集到的温度及压力数据进行处理和优化，同时根据温度控制要求，使用 PID 算法和相应的其他算法计算出输出控制量；再利用 D/A 模块转换后，输出控制信号改变变频器的频率值，从而可以通过电泵来控制循环水的速度；另一路信号电压触发、调节可控硅执行器的导通角，驱动装置中的加热器单元对系统加热。

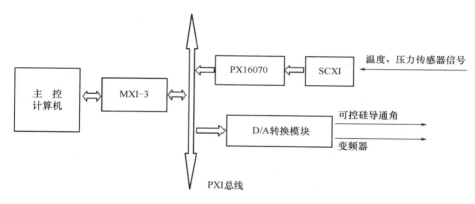

图 4－4　测控系统构成图

本装置主要是用来测量热防护织物在高温辐射与对流环境下导热系数，因而箱体内温差较大，与前人所研究的室温下单板法测织物导热系数有所区别，体现在箱内热空气物理属性随温度改变而改变，因而箱内对流换热系数是一个改变的值。麦格雷格尔（MacGregor）研究了有限空间内对流换热的规律，水平封闭空间内流体的流动，主要取决于以封闭层厚度为特征长度的 Gr 数有关：

$$Gr = \frac{ga\Delta T l^3}{v^2} \qquad (4-21)$$

它应取代旧的数据 $Gr \cdot Pr$。当 Gr 极低时，换热依靠纯导热，随着 Gr 数的提高，会依次出现向层流特征过渡的流动（环流）、层流特征的流动、湍流特征的流动。与之相对应，则有几种不同换热关联式。本装置中通过改变热板表面温度 T_a 值，实验获得不同温度下箱体内对流换热系数 h_c，从而得到对流实验关联式，如表 4 - 1 所示。

表 4 - 1　水平箱体对流换热实验关系式

水平封闭空间	实验关系式	适用范围
	$Nu = 0.197(GrPr)^{1/4}$	$1 \times 10^4 < GrPr < 4.5 \times 10^5$
	$Nu = 0.073(GrPr)^{1/3}$	$GrPr > 4.6 \times 10^5$

四、试样

为了使本书内容保持连贯性，本实验中材料仍采用上海宇和防护用品有限公司提供的 Metamax® 热防护织物试样，试样结构参数见表 4 - 2。

表 4 - 2　实验试样结构参数表

试样号	原料	结构特征	重量（mg/cm²）	厚度（mm）	密度（kg/m³）
A1	芳纶 Metamax®	白色斜纹	23.32	0.562	415.5
A2	芳纶 Metamax®	黄色府绸	18.70	0.543	344.4
A3	芳纶 Metamax®	白色平纹	23.78	0.761	312.5
A4	芳纶 Metamax®	白色斜纹	35.36	0.895	462.1

五、实验误差分析

（一）实验误差可能的来源

（1）采用精度级不高的测量仪表。

（2）热电偶检定不精确。

（3）织物表面受热不均匀，即织物表面温度不一致。

（4）人工误差，读电位差度及功率表的主观误差。

（5）没有充分计量热损失。

从上述误差来源可知，误差主要是二次仪表引进的误差和试样表面受热不均匀所引起的织物表面温度不一致的误差。以下就这两个方面引进的误差进行估算。

（二）二次仪表引进的误差

由傅立叶定律，导热系数可由计算式(4 - 3)得：

$$\lambda_n = \frac{Ql}{(T_s - T_a)S} \qquad (4 - 22)$$

对 λ_n 取全微分：

$$\frac{d\lambda}{\lambda} = \frac{dQ}{Q} + \frac{dl}{l} + \frac{d(T_s - T_a)}{T_s - T_a} + \frac{dS}{S} \qquad (4-23)$$

以微元符 Δ 代替微分符，于是导热系数测定值的相对误差就可以由以下表达式确定：

$$\frac{\Delta\lambda}{\lambda} = \frac{\Delta Q}{Q} + \frac{dl}{l} + \frac{\Delta T_s + \Delta T_a}{T_s - T_a} + \frac{\Delta S}{S} \qquad (4-24)$$

式中，Δ 是用仪表测定各单个物理量的绝对误差。

功率表的精度为 0.5 级，设指针的平均偏转为满偏的 1/4，则实测功率相对误差（忽略接线所造成的误差）为：

$$\frac{\Delta Q}{Q} \times 100\% = 0.5 \times 1/4 \times 100\% = 2.0\%$$

织物是一种薄型含纤维物质，一般来说其厚度 l 都不会超过 2mm，这里为了计算其误差，我们取试样平均厚度 l 为 1mm，试样仅有一面与冷板接触，另一面处于自然状态，仅仅考虑测试厚度时的绝对误差为 0.01mm，因此织物试样的厚度相对误差为：

$$\frac{\Delta l}{l} \times 100\% = \frac{0.02}{1} \times 100\% = 2.0\%$$

温度误差有热电偶本身的热电势误差，设备本身不精确引起的误差，显示仪表精度引起误差以及安装、热电偶黏接和箱体内空气扰动等因素，要对这些精确分析较困难，在此取原始数据的标准误差作为温度测试误差。这里为了分析需要，取双块试样叠放在一起进行测度，将 4 个电偶数据取平均得试样上表面平均温度值为 T_t，下表面平均温度值是通过前面所述分析方法所得为 T_b。平均温度误差可由样本标准误差 $\sigma = \sqrt{\frac{1}{n-1}\sum_{i=1}^{4}(x_i - \bar{x})^2}$ 确定。其中 x_i 代表试样上或下表面各测试点温度；$\bar{x}$ 为试样上或试样下表面的平均温度，代入实验数据求得试样上、下表面的平均温度标准误差分别用 σ_t 和 σ_b 表示。由此可得温度 ΔT 的相对误差为：

$$\frac{\Delta(\Delta T)}{\Delta T} = \frac{\sigma_t - \sigma_b}{\Delta T} \qquad (4-25)$$

取密度 ρ 为 23.32mg/cm^2 的芳纶织物试样两块，试样上表面平均温度为 48℃，下表面平均分析温度为 105.4℃，其温度 ΔT 为 57.4℃，经实验测试上表面各热电偶温度值并分析计算下表面标准误差，而下表面平均温差取决于功率和热板温度的绝对

误差 ΔP 和 ΔT_a，得到：

$$\sigma_t = 0.246; \sigma_b = 0.475; \Delta T = 57.4℃$$

$$\frac{\sigma_t + \sigma_b}{\Delta T} \times 100\% = \frac{0.721}{57.4} \times 100\% = 1.24\%$$

本装置中试样表面积为 $\pi \cdot 15^2 = 706.5\text{mm}^2$，而试样表面积绝对误差约为 $\pi \times 1^2 = 3.14\text{mm}^2$，因此其相对误差为：

$$\frac{\Delta S}{S} \times 100\% = \frac{3.14}{706.5} \times 100\% = 0.45\%$$

综合上述，由二次仪表引入的误差为：

$$\frac{\Delta \lambda}{\lambda} \times 100\% = 2.0\% + 2.0\% + 1.24\% + 0.45\% = 5.69\%$$

（三）织物试样表面受热不均匀引进的误差

由于箱体内空气对流运动时刻变化，特别是当箱内温度较高时，箱内空气发生湍流特征的流动，因此织物下表面与箱体内热空气的对流换热量不一致，导致织物试样表面受热不均匀。试验时在试样下表面中心及边缘各放一只热电偶，分别测得织物下表面中心温度 T_{sc} 和边缘温度 T_{ss}，则由受热不均匀引起的误差为：

$$| \varepsilon | = \left| \frac{T_{sc} - T_{ss}}{T_{sc}} \right| \qquad (4-26)$$

代入数据，对于 ρ 为 23.32mg/cm^2 的芳纶织物试样为例，下表面中心温度为 $108.5℃$，下表面边缘温度为 $104.6℃$，则：

$$| \varepsilon | = \left| \frac{T_c - T_s}{T_c} \right| \times 100\% = \left| \frac{108.5 - 104.6}{108.5} \right| \times 100\% = 3.59\%$$

综上所述，实验测定中导热系数的相对误差大约为：

仪表误差 + 受热不匀误差 = 5.69% + 3.59% = 9.28%。

六、实验控制和调试

为了不使箱体内的热空气透过试样与冷板接触，对于像织物这类纤维类物质，由于其本身透气性较大，因此这里采用两层试样叠加同时进行试验，保证气流不穿过织物层。实验时，将相邻的试样紧紧贴合在一起，使试样之间间隙为零。通过调节冷板表面的温度来控制试样两面的温度，使两面的温差约为 50℃。

实验过程中还要调节箱体的高度,使试样下表面径向温差不能相差太大,需要在试样的中心部位和侧面各放一只热电偶传感器,这两只热电偶主要用作控制中心部位与侧面温度一致性,不作为织物表面温度测量值用。将试样放置在冷板表面后放入箱体内,试验中,不断调节箱体高度,使这两只热电偶温差不超过 1℃,这样可以近似的认为热量均匀的到达织物表面,从而保证织物在测试段保证了一维传热。

七、实验结果及分析

(一)温度对导热系数的影响

在试样两侧放置差分电偶,测量计算出试样两面温度之和,取该和的平均值作为整块织物试样的平均温度,必须注意热电偶所测量的织物两面温度不用来计算织物试样的导热系数,A1 ~ A4 织物导热系数随温度变化曲线关系如图 4 - 5 所示。

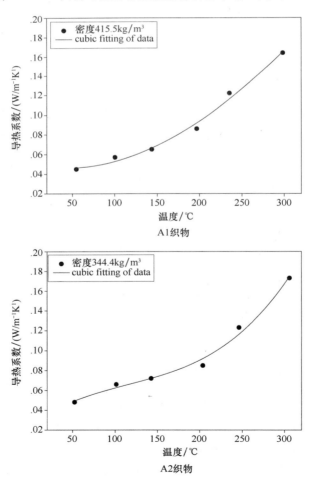

A1织物

A2织物

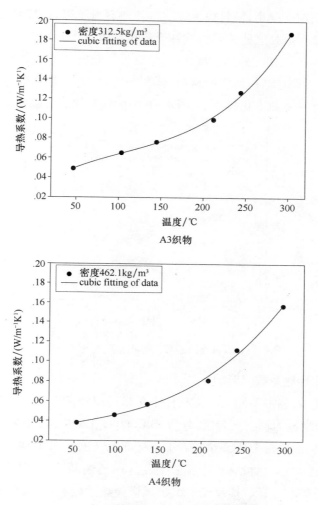

图4-5 导热系数与温度变化关系曲线

温度对防护织物材料的影响较大,在织物内部导热机理主要是热传导和热辐射,对流传热可忽略。导热是由其中的固体和气体完成的,织物中纤维与纤维、纤维与纱线之间的接触产生的热传导是固体导热。空隙内气体分子热运动产生气体导热。热辐射是由材料中的固相物质产生的,热辐射或者空隙传递,或者透过固相物质传递,同时也可由固相物质吸收后再辐射出去。低温时,主要是热传导,辐射传热很小,随着温度升高,热辐射大大加强,特别是在高温辐射环境下,辐射的等效传热系数是温度的三次方关系,因而变化较为剧烈。

(二)体积密度对热防护织物面料导热系数的影响

体积密度对空气传热、纤维固体导热和辐射换热的贡献各不相同,随着密度增加,织物内部的空隙率减小,辐射换热和空气传热有所下降,而纤维之间的固相传热有所加强,其导热系数是这些传热方式综合决定的。这里我们设定了织物的温度为250℃,分别测定 A1 织物的导热系数,得到导热系数随密度变化关系曲线,如图 4－6所示。对于同一种织造结构的织物材料,体积密度越大,导热系数越小,体积密度增加到一定程度,导热系数变化越小,见图 4－6 中曲线末端的平缓变化趋势。

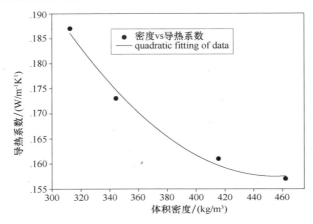

图 4－6　织物导热系数与体积密度变化关系曲线

(三)气压对织物导热系数的影响

调节箱内气压,测得不同大气压条件下热防护织物试样 A2 的导热系数,结果如图 4－7 所示,横坐标为辐射板温度,分为 40℃、60℃、120℃和200℃四种情况。显然,从图中可以看出,不论在 3 个、2 个或者 1 个标准大气压下,织物导热系数值都非常接近,相对差不超过 5%。因此在整个实验中,选择 1 个标准大气压作为测试环境气压,气压控制精度不要求过高。其余三个织物试样导热系数有同样的测试结果,与参考文献[137]Kamran Daryabeigi 文章中所报道的结论一致。

(四)热模拟箱内空气对流换热研究

为了研究模拟箱内空气层对流换热情况,在此做了如下实验,将恒温冷板裸露于热空气中,即冷板表面没有覆盖织物试样,测试箱内空气介质导热系数。测试中,箱壁与冷板接触处应保证密封。图 4－8 是辐射板温度分别为 20℃(图中所示为1)、120℃(图中所示为2)和240℃(图中所示为3)时空气热传导率随空气层厚度变化关系图。

由图 4－8 可知,辐射板温度越高,箱体内空气的导热系数越大。随着空气层厚度增厚,空气导热系数值开始缓慢增大,但到达某一定厚度时,空气导热系数值骤然增大,该厚度即被称为临界厚度 L,当箱体内空气层厚度大于 L 时,箱内空气即发生对流换热现象,换热量增大;辐射板温度不同,临界厚度 L 值不同。

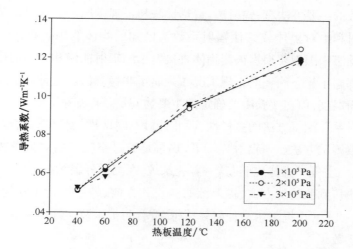

图4-7 不同气压下防护织物导热系数

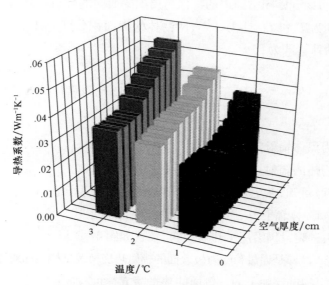

图4-8 箱内空气导热系数与箱内空气厚度变化关系

第三节 织物热辐射系数测试

在强热辐射能量照射下,织物的辐射系数是影响到织物与外界辐射换热大小的重要因素。辐射系数取决于物体的性质,物体的温度,表面状态,波长和方向。目前研究辐射系数的主要方法有：辐射法、量热计法和正规工况法。辐射法是建立在以被测物体的辐射和绝对黑体或其他辐射系数为已知的物体的辐射相比较的基础之上的。在量热计法中黑度要根据被测物体直接发出的辐射能流和表面温度来确定。以上两种方法都属于稳态法。而正规工况法则属于非稳态法。这种方法不需要测量辐射能流和表面温度，而在实验中要确定的主要物理量是冷却率。

由于辐射系数测试方法的多样性，因此针对不同试样，需要选择合适于该试样品种的辐射系数测试方法。强辐射环境下，热量是通过空气经由对流及辐射换热方式传递给"服装—空气—人体皮肤"这一着装系统，在测试外层织物辐射系数时，需要考虑外界环境热传到服装的方式、辐射源的波长和方向、外层织物试样的表面状态等。正是基于这一想法，这里采用一种简单易行、符合防护服装实际穿着状态的辐射法测试织物辐射系数。

该方法类似于辐射法，物体表面间的辐射换热随物体间的位置关系不同而传热量不同，本章节考虑到密闭空间内的物体与周围壁面间的辐射换热，设两物体表面的热力学温度分别为 T_1 和 T_2，且 $T_1 > T_2$，两物体的表面积分别为 A_1、A_2，则两物体表面间辐射换热量的计算式为：

$$Q_{rad} = \frac{\sigma}{\frac{1}{\varepsilon_1} + \frac{A_1}{A_2}\left(\frac{1}{\varepsilon_2} - 1\right)}\left[\left(\frac{T_1}{100}\right)^4 - \left(\frac{T_2}{100}\right)^4\right]A_1 \tag{4-27}$$

式中：σ——称为黑体辐射常数，其值为 $5.67W/(m^2 \cdot K^4)$；

ε_1，ε_2——两物体的辐射系数，其值处于 $0 \sim 1$ 之间。

由式（4-27）可知，在定热流量下，测定表面温度及表面积，设定一个参照物体面的辐射系数 ε_1 如黑体辐射，从而求得待测物体的辐射系数 ε_2。

辐射系数测量装置仍沿用了热模拟箱，装置如图 4-3 所示。

箱内热量传入试样是通过箱辐射板表面的辐射热交换及试样表面对流换热进行的。

因此，防护织物试样朝下的一侧面的热平衡方程可写成：

$$Q/A = Q_{rad}/A + Q_{conv}/A = \sigma h_r(T_a - T_s) + h_c(T_a - T_s) \tag{4-28}$$

式中：Q——表面与计量箱内环境热交换的总热流量，W；

A——试样表面的面积，m^2；

T_a——辐射板上表面温度，K；

T_s——试样的表面温度，K；

h_r——辐射换热系数，$W/(m^2 \cdot K)$；

h_c——对流换热系数，$W/(m^2 \cdot K)$；

由式（4 – 28）可知：

$$Q_{rad} = Q - Q_{conv} \tag{4 – 29}$$

从式（4 – 29）可知要得到辐射热流量 Q_{rad}，只须测量出 Q 及计算出对流换热量 Q_{conv}。

为了进一步比较热辐射系数测试仪测试结果的准确性，取珠海 SRO 防护品有限公司提供的玻璃纤维织物（密度为 33.32 mg/cm^2，厚度为 1.260mm）进行验证。将织物贴在恒温冷板的表面，封闭系统进行测试，通过控制系统调节主辅加热器，使主辅加热器的温差小于 0.1℃，保持半小时左右，即可认为此传热过程达到稳态。由测量系统记录试样表面温度 T_s，辐射板表面温度 T_a，主加热器功率 Q，计算出对流换热量 Q_{conv}，换热面积 A 及给定参数 ε_2，将这些值代入式（4 – 27）和式（4 – 28），可算出相应辐射板温度下织物辐射系数 ε_1。这里我们测试出在 60℃、120℃ 和 240℃ 三种情况下的织物热辐射系数值，并将测试结果与 SRO 公司提供的文献值（辐射源温度 60℃、120℃ 和 240℃）作了比较，结果如表 4 – 3 所示。每个值是 5 次单独测试结果的平均值，最大的 CV 值在 11.2% 左右。表 4 – 3 也给出实测值与给定值的误差率，其相对误差小于 5.4%。从表 4 – 3 还可以看出织物的辐射系数不是一个定数，随着辐射源温度的不同而出现差异，其原因是热板温度不同时，其发出的热辐射线波长有差别，而织物对不同波长热辐射线有选择性的吸收，这与前人研究结果相似。

表 4 – 3　实验结果比较

温度（℃）	本实验测试 ε_2 值	文献提供 ε_2 值	相对误差（%）
60	0.72	0.75	4.0
120	0.77	0.73	5.4
240	0.81	0.79	2.5

本节论述了一种新型改进的高温热防护材料的热辐射系数测试仪器的装置及原理。该装置适用模拟的温度范围广，可应用于多种防护材料的测试。它综合了体积小、操作方便、能准确测定高温下防护织物辐射系数，并能较好地模拟出高温热源如炼钢炉热体对外层织物的辐射等优点。本实验装置在已知织物表面的辐射系数情况下还可测量织物的隔热性能指标，如热阻；通过在织物与冷板之间加压环可组成微小气候室测定织物动态隔热性能及热辐射特性。

第四节　热防护织物导热系数分形理论模型

消防服能保护高温火灾环境下的消防员免遭高温伤害,其热保护性能好坏可由衡量织物传热能力的导热系数来表征。高温下织物中热传递主要有三种方式:纤维与纤维之间的导热、气体传导以及纤维之间的辐射换热。一般来说,我们可以通过织物基本单元的微观传热来描述整块织物的宏观传热过程,因此材料的孔隙率会显著影响到织物传热以及热解过程,针对于此,一些研究学者根据孔隙平均法建立了计算织物等多孔介质的有效导热系数分析模型方程,然而这些方法都忽略了多孔介质的本身无序结构特征,会导致模型预测值与实验值有较大的误差。

织物中纱线的内部微空间结构随纤维直径、长度及相对排列而异,纱线中的孔隙及孔隙分布与自然界中的岩石、土壤等空隙结构分布非常相似,都具有分形相似性,因此应用分形理论可以很好的描述这些多孔介质的无序随机性质。皮奇曼(Pitchu-mani)和姚(Yao)最早利用分形方法研究了单向纤维复合体材料的有效导热系数,他们所提出的方法后来又被成功应用到预测双分散多孔介质及含纳米粒子流体的导热系数。实际上,天然纺织纤维或人造纤维以及纺织工业生产上都存在着有分形结构现象,所有这些表明采用分形理论或方法来预测阻燃织物有效导热系数是切实可行的。

由于平纹织物的典型代表性结构且应用广泛,因此本章节选取消防服用的平纹机织物面料作为研究对象,运用分形方法预测其有效导热系数,考虑到了辐射换热对整体传热的影响,同时,也将模型预测值与实验值进行比较。

一、机织物中纱线的分形几何结构

一般来说,点、线、面以及立体这类有规则形体都用0、1、2、3维欧氏几何来描述,然而自然界中大多数物体都是无序不规则的,诸如粗糙表面、海岸线、河流湖泊之类,由于不同尺度上图形规则性相同的特点,这些无规物体并不能用欧氏几何来表征,而是用非整数的分形维数来描述。

由度量尺度 L 控制的分形物体的空间占有积 $M(L)$ 可由下列表达式表示:

$$M(L) \sim L^{D_f} \tag{4-30}$$

式中,M 可能是线、面、体积或质量,D_f 是分形维数,其二维取值在 1 与 2 之间。

多孔介质材料具有统计意义下的自相似性,其自相似性在一定局域范围内成立。

织物中纱线内的微小空隙与自然界中湖泊岛屿一样,具有自相似性的特征,因此其孔隙累积数 N 与孔隙的大小分布服从如下的标度关系:

$$N(L \geqslant \kappa_{\min}) = \left(\frac{\kappa_{\max}}{\kappa}\right)^{D_f} \tag{4-31}$$

式中,κ、$\kappa_{\min}$ 和 $\kappa_{\max}$ 分别为孔隙尺寸、最小尺寸和最大尺寸。对式(4-31)进行差分,那么在 $\kappa \sim \kappa + d\kappa$ 范围之间的微小孔隙数目等于:

$$-dN = D_f \kappa_{\max}^{D_f} \kappa^{-(1+D_f)} d\kappa \tag{4-32}$$

已有研究表明织物中无序微结构显示其内部的微小孔隙存在分形,然而织物内的孔隙由纱线之间的大孔隙与纱线内部的微小孔隙构成,实际上织物一个组织结构单元由经纬纱经织机结造而成,而每根经纱(纬纱)又由成千上万根纤维经纺纱而成。为了研究的方便,我们将一个织物组织结构单元进行简化,如图 4-9(1)所示。

纱线由成千上万根纤维经纺纱而得,纱线中的微小孔隙可以看作截面积不同的曲折毛细管通道构成,毛细管直径和实际路径长分别为 κ 和 $L(\kappa)$。多孔介质渗透实验表明流体流过的孔道具有明显的分形特征,同样的热流流过多孔介质的路径也具有分形特性,可以用 Koch 曲线表示。图 4-10 是简化的纱线圆形横截面(直径 κ)及传热路径图,流体在多孔介质的孔隙中流动时,其流动的通道可能是弯弯曲曲的。这种弯曲通道也可以用分形形式表示:

$$\frac{L(\kappa)}{L_0} = \left(\frac{L_0}{\kappa}\right)^{D_T-1} \tag{4-33}$$

式中,$L(\kappa)$ 是沿热流方向的孔隙通道长度;L_0 是孔隙通道的特征长度;D_T 是曲线(弯曲度)分形维数,其取值范围在 1 与 2 之间,D_T 为 1 表示该毛细管通道为直的,D_T 为 2 表示该毛细管通道的弯曲程度使它填满了整个平面。

在上述纱线分形特性描述的基础上,我们对平行孔隙通道换热进行了研究,然后根据串并联方法对已提出的模型进行了修改。图 4-11 是多孔介质具行分形结板的平行孔隙通道示意图,r_f 和 r_g 分别是纤维和气体的热阻,λ_f 和 λ_g 分别是它们的热导率。纱线的上孔隙通道的横截面积 A_p 可以表示为:

$$A_p = -\int_{\kappa_{\min}}^{\kappa_{\max}} \frac{1}{4}\pi\kappa^2(-dN) = \frac{\pi D_f \kappa_{\max}(1-\phi_y)}{4(2-D_f)} \tag{4-34}$$

因此,整根纱线的横截面积 A 等于:

$$A = \frac{A_p}{\phi_y} = \frac{\pi D_f \kappa_{max}(1 - \phi_y)}{4(1 - D_f)\phi_y}$$ (4-35)

其中，ϕ_y——纱线的孔隙率。

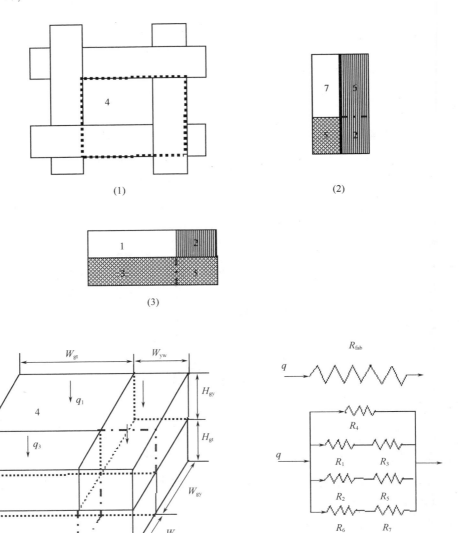

图 4-9 织物结构单元模型

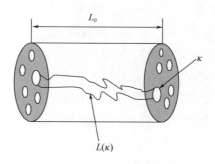

图 4 - 10　纱线热流通道简化示意图

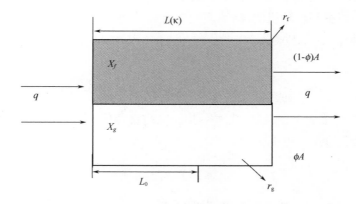

图 4 - 11　气相和固相传热的平行通道

图 4 - 9 是典型的平纹织物纱线结构模型,根据式(4 - 30)可以得到一个组织结构单位中的孔隙体积为:

$$V_{\text{fab}} = L^{D_{\text{fab}}} \tag{4 - 36}$$

分形维数 D_{fab} 等于:

$$D_{\text{fab}} = \ln V_{\text{fab}}/\ln L \tag{4 - 37}$$

织物的孔隙率为:

$$\phi_{\text{fab}} = V_{\text{fab}}/V = L^{D_{\text{fab}}-3} \tag{4 - 38}$$

式中,V 是结构单元总的体积,可根据 $V = (W_{\text{gt}} + W_{\text{pw}})(W_{\text{tw}} + W_{\text{tw}})(H_{\text{gp}} + H_{\text{gt}}) = L^3$ 计算[参见图 4 - 9(4)]。

(一)分形维数 D_{fab} 的确定

本研究中我们采用基于图像计算的分形理论的计盒法来预测纱线的分形特征,

并计算分形维数 D_{fab}，织物用边长为 L 的正方体进行划格，然后计算完全覆盖孔隙体积的盒子总数 $N(L \geqslant \kappa)$，由线性回归得到拟合曲线，曲线的斜率即是 L 孔隙分形维数 D_{fab}。运用 Adobe 软件将 SEM 图像转换为 256 级灰度图像。为了区分图像背景上的孔隙，还必须确定边长 L 的临界值，从而获得二值图像。对于每个二值图像，当图像的灰度值相对应灰度直方图的二阶导数的最大值时，这时候临界值就可以确定。孔隙面积值可以由累积的二值图像计算。然后，连续的减小盒子边长 L 用箱子的数量，直至达到最小网格尺寸 L 的单位像素图形，在此过程计算盒子总数。更详细的灰度图像信息，可参考文献[157]。

(二)孔径的最大尺寸 κ_{max} 与最小尺寸 κ_{min} 的确定

纤维束可以被视作随机的、同等间距的纤维排列而成，从而孔隙率 ϕ_y 可根据单个纤维尺寸计算，符合下式：

$$\phi_y = \frac{\kappa_2}{(\kappa + b)^2} \tag{4-39}$$

式中，b 是纤维的直径，已知孔隙率及纤维的直径值，孔隙尺寸可依此计算出来。因此孔隙最大尺寸 κ_{max} 等于：

$$\kappa_{max} = 2\sqrt{\kappa^2/\pi} \tag{4-40}$$

根据分形相似性原理，那么最小孔隙尺寸 κ_{min} 可由下式计算：

$$\phi = \left(\frac{\kappa_{min}}{\kappa_{max}}\right)^{D-D_f} \tag{4-41}$$

其中，d 是欧氏几何二维数或三维数。

二、有效导热系数的分形模型

实践证明，像织物这类多孔介质材料的有效热物理参数 E，除与组成多孔介质的各相介质自身的物性有关外，还取决于介质材料的空间结构。根据局域分形理论，对具有分形结构，局域分形尺度为 D_f 的多孔介质的有效热物性参数可以表示为：

$$E = f\left(\sum E_i, \phi, D_f\right) \tag{4-42}$$

一个机织物组织结构单元由孔道、经纱以及纬纱三部分组成。而结构里的纱线具有明显的分形相似性特征，这里我们首先假设经纱和纬纱具有相同的结构，然后根据分形方法及热电相似性原则计算纱线的一维传导率。依据傅立叶传热定律，一个

单通道的热阻 r 可以表述为：

$$r(\kappa) = \frac{L(\kappa)}{A\lambda} \qquad (4-43)$$

其中，λ 是导热系数。那么一个气体通道的热阻可以表达为：

$$r_g(\kappa) = \frac{L(\kappa)}{A\lambda_g} = \frac{4L(\kappa)}{\pi\kappa^2\lambda_g} \qquad (4-44)$$

因此所有气体通道总热阻值为：

$$R_N(\kappa) = \frac{R(\kappa)}{-dN} = \frac{4L(\kappa)}{\pi\kappa^2\lambda_g D_f\kappa_{max}^{D_f}\kappa^{-(D_f+1)}d\kappa} \qquad (4-45)$$

将式（4-33）代入式（4-45），获得：

$$R_N(\kappa) = \frac{R(K)}{-dN} = \frac{4L(\kappa)}{\pi\lambda_g D_f\kappa_{max}^{D_f}\kappa^{-(D_T-D_f)}d\kappa} \qquad (4-46)$$

根据热电相似性原理，纱线中气相热阻值为：

$$R_g = \frac{1}{\int_{\kappa_{min}}^{\kappa_{max}}\frac{1}{R_N(\kappa)}d\kappa} = \frac{4L_0^{D_T}(D_T - D_f + 1)}{\pi\lambda_g D_f\kappa_{max}^{D_T+1}\left[1 - \left(\frac{\kappa_{min}}{\kappa_{max}}\right)^{D_T-D_f+1}\right]} \qquad (4-47)$$

同样，纱线中纤维固相热阻值为：

$$R_f = \frac{L_0}{(1-\phi_y)A\lambda_f} \qquad (4-48)$$

将式（4-44）和式（4-45）代入式（4-46），那么纱线的导热系数等于：

$$\lambda_y = \frac{\lambda_g(2 - D_f)\phi_y\kappa_{max}^{D_T-1}\left[1 - \left(\frac{\kappa_{min}}{\kappa_{max}}\right)^{D_T-D_f+1}\right]}{L_0^{D_T-1}(D_T - D_f + 1)\left[1 - \left(\frac{\kappa_{min}}{\kappa_{max}}\right)^{2-D_T}\right]} + (1-\phi_y)\lambda_f \qquad (4-49)$$

（一）辐射换热的影响

式（4-49）忽略了辐射作用，这在低温下是合理的。但是对于温度高于200℃时，辐射对整个热传递过程的贡献不可忽略。对于高温下的辐射，假设辐射只发生在孔隙中，孔隙表面是灰体。韦斯坎坦（Viskantan）曾对高温下辐射传导换热进行了研究，得出辐射和传递换热是耦合的结论，然而在一些特殊的传热场合，如两个换热面距离较短且由透明介质所分隔,我们可将总的传热看作两个独立的传热方式构成,含有微小孔隙的纱线的传热就可由传导和辐射换热独立构成,且认为是并联关系,根据欧姆定律,得到气相的有效导热系数 $\lambda_{g,e}$ 为:

$$\lambda_{g,e} = \lambda_g + \lambda_r \tag{4-50}$$

式中:λ_g——静止空气的导热系灵敏;

$\lambda_r = 4F\sigma\varepsilon T^3$——纤维孔隙的综合辐射换热系数;

T——孔隙表面的平均温度;

σ——斯蒂芬 - 玻尔兹曼常数;

ε——孔隙表面的发射率;

F——与纤维密度有关的常数,这里我们取值为 1。

将 $\lambda_{g,e}$ 代入式(4 - 47),考虑了辐射影响的纱线的有效导热系数分形模型为:

$$\lambda_{y,e} = \frac{\lambda_{g,e}(2 - D_f)\phi_y \kappa_{max}^{D_T-1}\left[1 - \left(\dfrac{\kappa_{min}}{\kappa_{max}}\right)^{D_T-D_f+1}\right]}{L_0^{D_T-1}(D_T - D_f + 1)\left[1 - \left(\dfrac{\kappa_{min}}{\kappa_{max}}\right)^{2-D_T}\right]} + (1 - \phi_y)\lambda_f \tag{4-51}$$

由式(4 - 51)可以看出,耐高温纱线有效导热系数与纱线孔隙率 ϕ_y,气体和纤维的导热系数,气相通道的最大与最小孔径,孔形曲线分形维数以及孔隙空隙面积分形维数。而纱线的孔隙率 ϕ_y 可以通过由经纬纱构成的织物孔隙率 ϕ_{fab} 计算:

$$\phi_y = \frac{\phi_{fab} - (V_1 + V_4 + V_7)/V}{(V_2 + V_2 + V_5 + V_6)/V} \tag{4-52}$$

其中,V 是一个组织结构单元的体积;$V_1 \cdots V_6$ 和 V_7 是对应通道的体积[如上部分所述图 4 - 9(1)]。

热流流过组织结构单元时,可以看作四个部分组成:通过空气通道 4 的热传导 q_1;孔隙通道 1 与经纱通道 3 的并联通道的热流 q_2;孔隙通道 7 和纬纱通道 6 的串联通道的热流 q_3;纬纱通道 2 与经纱通道 5 的热流 q_4。

根据电路回路的原理来分析组织结构单元的传热特性,图 4 - 9(e)所示是其热阻网络,得出如下式子:

$$\frac{1}{R_{fab}} = \frac{1}{R_4} + \frac{1}{R_1 + R_3} + \frac{1}{R_2 + R_5} + \frac{1}{R_7 + R_6} \tag{4-53}$$

那么,织物厚度方向上的有效导热系数为:

$$\lambda_{fab} = L\lambda_{y,e}\left(\frac{\lambda_{g,e}}{A\lambda_{y,e} + C\lambda_g} + \frac{\lambda_{g,e}}{D\lambda_{y,e}} + \frac{1}{B+E} + \frac{\lambda_{g,e}}{F\lambda_{g,e} + G\lambda_{y,e}}\right) \quad (4-54)$$

式中,$A\dfrac{W_{gt} \cdot W_{tw}}{H_{gt}}$,$B = \dfrac{W_{tw} \cdot W_{pw}}{H_{gp}}$,$C = \dfrac{W_{gt} \cdot W_{tw}}{H_{gp}}$,$D = \dfrac{W_{gt} \cdot W_{gp}}{H_{gt} + H_{gp}}$,$E = \dfrac{W_{tw} \cdot W_{pw}}{H_{gt}}$,$F = \dfrac{W_{pw} \cdot W_{gp}}{H_{gp}}$以及 $G = \dfrac{W_{pw} \cdot W_{gp}}{H_{gt}}$。

(二)高温下织物的有效导热系数模型计算流程总结

(1)通过曲线拟合获得分形维数 D_f。

(2)依据式(4-38)计算多层织物的孔隙率。

(3)测量机织物多层织物一个结构单元的结构参数 W_{gt},W_{pw},W_{gp},W_{tw},W_{gp} 和 H_{gt},从而可以计算 V,$V_1 \cdots V_7$。

(4)根据式(4-38)、式(4-51)和式(4-52)计算纱线有效导热系数 $\lambda_{y,e}$。

(5)最后根据式(4-54)计算多层织物的有效导热系数 λ_{fab}。

三、多层织物有效导热系数分形模型的实验验证

实验中我们选择了三层结构的 Nomex Ⅲ® 阻燃纤维织物,其孔隙率不同,按照 ASTM C518 方法搭建有效导热系数的测试设备。实验试样的尺寸为 305mm × 305mm,测试前需要经调湿处理。本节中的织物辐射系数取 0.85,经纬纱的密度分别为 260 根/10cm 及 230 根/10cm,多层织物其余一些结构参数可通过照布镜进行测量获得,表 4-4 是织物分形参数值。

表 4-4　织物分形参数值

孔隙率/%	50	57	63	71
孔隙面积分形维数,D_f	1.546	1.567	1.607	1.621
弯曲度分形维数,D_T	1.096	1.101	1.105	1.112

必须注意的是,这里分形维数是通过拟合孔隙尺寸与孔隙面积之间的函数关系拟合而得,通过计盒法获得拟合尺度关系直线图,然后看出孔隙率为 0.50 和 0.57 两种织物孔隙面积分形维数为 1.546 及 1.567。

目前已有很多计算多孔介质材料有效导热系数的分析模型,如 Nield 在计算纤维垂直于热流方向的多孔材料的导热系数时,提出如下分析模型方程:

$$\lambda_{fab} = \lambda_g^{\phi_{fab}}\lambda_f^{(1-\phi_{fab})} \quad (4-55)$$

另外,高温环境下织物内的辐射传热影响不能忽略,因此式(4-55)可改写为:

$$\lambda_{\text{fab}} = \left(\lambda_{\text{g}} + \lambda_{\text{r}}\right)^{\phi_{\text{fab}}} \lambda_{\text{f}}^{(1-\phi_{\text{fab}})} \tag{4-56}$$

图4-12所示是200℃测试环境下理论计算值与实验值比较,从图可以看出模型值与实验值比较逼近。总的来说,Nield模型预测值较实验值小约4.9%左右。织物的通透性与其孔隙率有关,设定其他热参数不变,通过改变织物孔隙率,发现织物有效导热系数随着孔隙率的增大而减小,这是由于孔隙率越大,织物所含空气越多,而空气的导热系数比纤维小得多。

为了研究测试温度对有效导热系数的影响,我们计算预测孔隙率为50%和63%多层织物在测试温度为20℃、100℃、200℃、350℃和400℃下的有效导热系数,如图4-13所示。从图可以看到,有效导热系数随着测试温度变化呈非线性变化,温度越高,其变化幅度越快,这是由于辐射传热的非线性变化特征所引起的;而且由于织物密度增加,固体传导热增加越大,但辐射换热减少幅度更大,因此我们发现织物密度越低(孔隙率大),这种效果越明显(图4-13)。

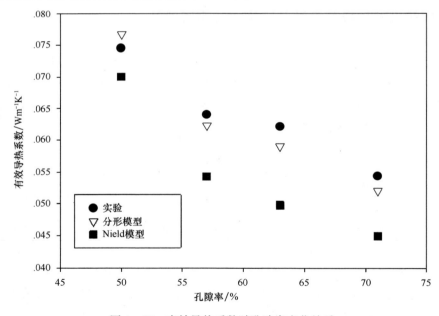

图4-12 有效导热系数随孔隙率变化关系

四、结论

机织物作为一种多孔介质材料,其内部孔隙主要由纱线之间的孔隙及纱线内部的孔隙组成,因此机织物结构比其他纤维多孔介质材料(如非织造布)更为复杂。针

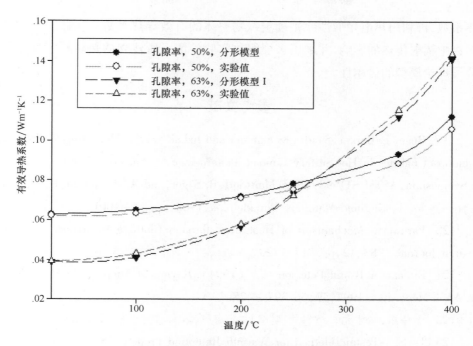

图 4 - 13　有效导热系数随温度变化关系

对于此,我们提出了双尺度模型,首先,运用分形方法确定纱线的有效导热系数,然后利用热电相似性原则确定织物的有效导热系数。

　　本章根据用于消防服的多层织物孔隙分形特征提出了计算其有效导热系数的分形模型,有效导热系数与分形维数及织物结构参数成某一函数关系,必须要注意的是该模型中考虑到织物中辐射传热的影响,分形模型理论计算值与实验值比较接近。与其他分析模型相比,本章节所提出的分形模型可以避免由于平均孔隙体积的假设所产生的误差。

第五节　本章小结

　　本章概括了防护织物的热传导机理及测试方法;分别从实验测试方法和模型方式两方面综述了国内外对服用织物导热系数的研究概况;重点阐述了作者自主设计的热模拟箱装置及原理,并采用此装置对高温辐射环境下织物导热系数、织物热辐射系数进行了实验研究;最后在上述实验的基础上,针对机织物为多孔介质材料的特点,提出织物的有效导热系数的"双尺度模型",即首先运用分形方法确定纱线的有效导热系数,再利用热电相似性原则确定织物整体的有效导热系数。在此模型中考虑了织物中辐射传热的影响,并采用多层织物实验验证了所建立的热防护织物导热系数分形理论模型的优越性。

参考文献

［119］Roger L. Barker,Sandra K. Stamper and Itzhak Shalev. Measuring the Protective Insulation of Fabrics in Hot Surface Contact. Performance of Protective Clothing［C］. Second Symposium,ASTM STP 989,S. Z. Mansdorf,R. Sager,and A. P. Nielsen,Eds. ,American Society for Testing and Materials,Philadelphia,1988,pp. 87 – 100. -

［120］Farnworth. Mechanisms of Heat Flow through Clothing Insulation［J］. Textile Research Journal. 1983,12,pp. 717 – 725.

［121］Duncan A B and Peterson G P（1994）. Review of Micro scale Heat Transfer［J］. Appl. Mech. Rev. 1994,47,pp. 397 – 428.

［122］于伟东,储才元. 纺织物理［M］. 上海:东华大学出版社. 2001,pp. 227 – 228.

［123］Textiles-Testing Method for Warmth Retention Property［S］. National Standard of thePeople's Republic of China,GB11048 – 89.

［124］FZ/T01029 – 1993,纺织品 稳态条件下热阻和湿阻的测定［S］. 中华人民共和国标准,1994.

［125］Martin,J. R. ,and Lamb,G. E. R. Measurement of Thermal Conductivity of Nonwovens Using a Dynamic Method［J］. Textile Res. J. 1987,57,pp. 721 – 727.

［126］陈昭栋. 平面热源法瞬态测量材料热物性的研究［J］. 电子科技大学学报. 2004,33(5),pp. 551 – 553.

［127］Morse,H L. ,Thompson,J. G. ,Clark,K. J. et al. Analysis of the Thermal Response of Protective Fabrics［R］. Technical report,AFML – RT – 73 – 17,Air Force Materials Information Service,Springfield,VA.

［128］杨惠方,等. 太空棉的辐射系数测量和计算的探索［J］. 纺织学报,1993,14(8),pp. 345 – 347.

［129］龚文忠. 纺织材料热湿传递性能研究［D］. 上海:东华大学,1989.

［130］谌玉红,姜志华,曾长松,等. 常温条件下服装热阻测试方法研究［J］. 中国人体防护装备,2001,4,6 – 8.

［131］沈雅钧,金剑雄,等. 绝热保温材料热物性的准稳态法测试［J］. 浙江海洋学院学报. 2001,20(1),41 – 44.

［132］Liang Xingan and Qu Weilin. A Improved Single-Plate Method for Measuring the Thermal Resistance of Fibrous Materials［J］. Meas. Sci. Technol. 1997, 8, pp. 525 - 529.

［133］雷振山. Labview 7 Express 实用技术教程［M］. 北京:中国铁道出版社,2004.

［134］MacGregor,R. K. Free Convection through Vertical Plane Layers-Moderate and High Prandtl Number Fluids［J］. Transactions of the ASTM, Journal of Heat Transfer. 1969,91,pp. 391 - 403.

［135］孟尔熹,曹尔第等编. 实验误差与数据处理［M］. 上海:上海科学技术出版社,1998,1.

［136］程远贵. 耐火纤维材料的高温热物性研究［D］. 成都:四川大学,2001,3.

［137］Kamran Daryabeigi. , Heat Transfer in High-Temperature Fibrous Insulation［C］. 8th AIAA/ASME Joint Thermophysics and Heat Transfer Conference,2002,June, pp. 24 - 26.

［138］Hirschler,M. M. (1997). Analysis of Thermal Performance of Two Fabrics Intended for Use as Protective Clothing［J］. Fire and Materials,21:115 - 121.

［139］Zhu,F. L. and Zhang,W. Y. (2009). Modeling Heat Transfer for Heat-resistant Fabrics Considering Pyrolysis Effect under an External Heat Flux［J］. Journal of Fire Sciences,27(1):81 - 96.

［140］Mohammadi,M. and Lee,P. B. (2003). Determining Radiative Heat Transfer through Heterogeneous Multilayer Nonwoven Materials［J］. Textile Research Journal,73 (10):896 - 900.

［141］Goo,N. S. and Woo,K. (2003). Measurement and Prediction of Effective Thermal Conductivity for Woven Fabric Composites［J］. Int. J. Mod. Phys. B,. 8 - 9:1808 - 1813.

［142］Calmidi,V. V. and Mahajan,R. L. (1999). The Effective Thermal Conductivity of High Porosity Fibrous Meta Foams［J］. ASME J. Heat Trans. ,121:466 - 471.

［143］Mowrer,F. W. (2005). An Analysis of Effective Thermal Properties of Thermally Thick Materials［J］. Fire Safety Journal,40:395 - 410.

［144］Staggs,J. E. J. (2002). Estimating the Thermal Conductivity of Chars and Porous Residues using Thermal Resistor Networks［J］. Fire Safety Journal,37:107 - 119.

［145］Zhao,S. Y. ,Zhang,B. M. and Du,S. Y. (2009). An Inverse Analysis to Determine Conductive and Radiative Properties of a Fibrous Medium［J］. Journal of Quantitative

Spectroscopy & Radiative Transfer, 110:1111 – 1123.

[146] Yamashita, Y. , Yamada, H. and Miyake H. (2008). Effective Thermal Conductivity of Plain Weave Fabric and Its Composite Material Made from High Strength Fibers [J]. J. Text. Eng. 4:111 – 119.

[147] Yu, B. M. and Lee, L. J. (2000) ASimplified In-Plane Permeability Model for Textile Fabrics[J]. Polym. Composite. 5:660 – 685.

[148] Mandelbrot, B. B. (1983). The fractal geometry of Nature[M]. San Francisco: Freeman.

[149] Pitchumani, R. and Yao, S. C. (1991). Correlation of thermal conductivities of unidirectional fibrous composites using local fractal techniques[J]. J. Heat Tran. ASME Trans. 113:788 – 796.

[150] Yu, B. and Cheng, P. (2002). Fractal models for the effective thermal conductivity of bidispersed porous media[J]. AIAA J. Thermophys. Heat Transfer. 16:22 – 29.

[151] Wang, B. X. , Zhou, L. P. and Peng, X. F. (2003). A fractal model for predicting the effective thermal conductivity of liquid with suspension of nanoparticles [J]. Int. J. Heat Mass Transfer. 46:2665 – 2672.

[152] Gao, J. and Pan, N. (2009). Explanation of the Fractal Characteristics of Goose Down Configurations[J]. Text. Res. J. 79:1142 – 1147.

[153] Gao, X. S, Tong, Y. , Zhang, Y. and Hong, J. Q. (2000). The Fractal Structure of Natural Fibers and the development of Fiber with Fractal Structure[J]. China Synthetic Fiber Industry, 23(2000) 35 – 38.

[154] Neves, J. Neves, M. and Janssens, K. (1994). Fractal Geometry-A New Tool for Textile Design development applications in printing [J] . Int. J. Cloth. Sci. Techol. 1: 28 – 36.

[155] Yu, B. M. and Lee, J. (2002). A Fractal In-plane Permeability Model for Fabrics[J]. Polym. Composite,. 2:201 – 221.

[156] Stanley, H. E. (1988). Fractal concepts for disordered system:The interplay of physics and geometry. In R. Pynn & A. Skjeltorp (Eds.), ScalingPhenomena in disordered systems[M]. NATO ASI Series B. Plenum Press, New York.

[157] Cenens, C. and Van, B. K. P. (2001). On the development of a novel image analysis technique to distinguish between flocs and filaments in activated sludge images [J]. Wat. Sci. Technol. 46 :381 – 387.

［158］He，G. L. ，Zhao，Z. C. ，Ming，P. W. ，Abuliti，A. and Yin，C. Y.（2005）. A fractal model for predicting permeability and liquid water relative permeability in the gas diffusionlayer of PEMFCs［J］. J. Power Sources. 163：846－852.

［159］Gao，H. J. ，Qian，K. and Li，H. S.（2009）. Quantitative Expression of Yarn cross Section Pore Structure［J］. J. TianJin Polytechnic University，3：37－40.

［160］Viskantan，R.（1965）. Heat Transfer by Simultaneous Conduction and Radiation in an Absorbing Medium［J］. J. Heat Trans. ，2：63－72.

［161］Aduda，B. O.（1996）. Effective Thermal Conductivity of Loose Particulate System［J］. Journal of Materials Science，31：6441－6448.

［162］Nield，D. A.（1991）. Estimation of the Stagnant Thermal Conductivity of Saturated Porous Media［J］. Int. J. Heat Mass Transfer，34：1575－1576.

第五章 服装的热防护功能预测模型

由于热防护服装的特殊功能性,用作防护服装的纺织材料必须具有良好的隔热、阻燃特性。目前,开发新型防护材料主要依靠大量的防护性能测试,依据材料的防护性能值作为评价材料隔热性能好坏的标准。其中许多实验测试都是以高温作业环境为基础,但这类环境条件很难以重复。因此,在20世纪80年代后许多研究者开始着手研发常见高温或火灾环境中热防护服热性能的数学模型预测。这些模型都是基于平面一维传热机理,即假定人体皮肤和服装是半无限平板物体,建立了直角坐标系下的"织物—微小空气层—皮肤"综合传热模型。但是实际人体躯干并不是一个理想的平面体,而是近似的圆柱体形状,虽然在边界条件相同的情况下,直角坐标系下的一维平面传热方程与圆柱坐标系下的一维径向传向模型方程解相差不大,但是对于服装来说,其本身有一定的厚度,由于厚度的差异,两个坐标系下模型方程并不能画等号,因此亟须根据人体体形建立相应的热防护服传热模型方程。

第一节 热防护服装传热模型

热量在防护面料层的表面及内部的传递涉及传导、对流和辐射三个过程,各个过程的关联性取决其局部条件。而从热源传到防护服装表层的热量转移方式影响到热防护服的热防护性能,本章研究的是周围环境发出的对流、辐射能量传递到防护服装的传热模型,该过程与直接接触火焰不同,也是模型现阶段的焦点。

由于人体是一个复杂不规则的三维几何体,不能直接对着装的人体建立传热数学模型来求解"服装—皮肤系统"的温度场分布,更不能得到相应的热流密度场数学解。要正确模拟"防护服装—皮肤"系统的传热,必须假定占人体大部分受热面积的躯干和四肢近似为圆柱体,为了使模型更接近实际情形,我们把人体假定为沿径向一维传热圆柱体。图5-1所示是"防护服—空气层—皮肤"的系统构成图。

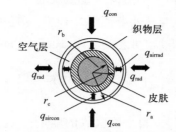

图 5 - 1 "防护服—空气层—皮肤"系统圆筒形模型图

图中,q_{con} 和 q_{rad} 是服装表面的对流换热热量和入射到织物表面的辐射能量;q_{aircon} 和 q_{airrad} 是服装与皮肤之间的对流和辐射换热量。

一、防护服传热模型

前面已经构成"防护服—空气层—皮肤"这一传热系统,这样穿着在人体上的防护服装也可近似为一圆筒壁。计算导热问题时,对于像圆筒壁这类轴对称物体,采用圆柱坐标系建立导热微分方程更为方便。

图 5 - 2 是服装面料体内分割出的微元体。

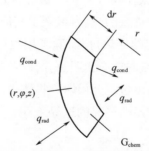

图 5 - 2 服装传热分析的有限体积要素图

服装面料内部能量传递包括传导热量 q_{cond} 和辐射传热量 q_{rad} 以及由于高温织物热裂解所产生的热量 G_{chem}。没有考虑水分等影响因素;对流换热仅发生在面料表面,而辐射热能够渗透到面料内部一定深度;假设织物为辐射灰体,这样就可以得出服装面料传热模型:

$$\rho(T)c_p(T)\frac{\partial T}{\partial \tau} = \frac{\partial}{\partial r}\Big[\lambda(T)\frac{\partial T}{\partial r}\Big] + \lambda(t)\frac{1}{r}\frac{\partial T}{\partial r} + \lambda(T)\frac{1}{r^2}\frac{\partial^2 T}{\partial \varphi^2} + \lambda(T)\frac{\partial^2 T}{\partial z^2} - \frac{\partial}{\partial r}(q_{rad}) + G_{chem}$$

$$(5-1)$$

并且假定入射到衣服表面上的热流量是恒定的,因此公式中右侧第三项可以忽略不计;一般的人体躯干长度与其外半径比大于10,这样可以近似认为人体是一无限长圆柱体,于是式中右侧第四项也可忽略不计,式(5-1)可以简化为:

$$p(T)c_p(T)\frac{\partial T}{\partial \tau} = \frac{\partial}{\partial r}\left[\lambda(T)\frac{\partial T}{\partial r}\right] + \lambda(T)\frac{1}{r}\frac{\partial T}{\partial r} - \frac{\partial}{\partial r}(q_{rad}) + G_{chem} \quad (5-2)$$

其中,q_{rad}表示热源辐射到面料表面吸收的能量;G_{chem}是面料内部热分解变化产生的内热能;ρ、λ 和 c_p 分别是防护面料的当量导热系数、密度和比热容,它们的值都随织物的温度改变而改变。式(5-2)中右边前三项表示由导热原因所致的单位时间进入面料单位体积的净热量;最后一项表示内热源的发热率,即织物热分解产生的能量。整个方程式说明:面料中任意位置,由于导热的结果单位时间进入单位体积的热量,加上内热源按体积计算单位时间所释放的热,必然等于单位时间单位体积内面料的内能增量。

二、防护服热传递模型的初始条件和边界条件

前面所建立的热传递数学模型,仅适合描写在强热流条件下热防护服装热传递过程的数学表达式。求解热传递问题,实质上是热传递微分方程式的求解。每一个热传递过程总是在特定条件下进行的,具有区别于其他热传递过程的特点(即该过程的个性)。因此,对于某一特定的导热过程,除了用表征传热过程共性的导热微分方程外,还需要有表达该过程特点的补充说明条件,即定解条件。对于非稳态热传递过程,定解条件有两个方面,即给出过程开始时刻物体内的温度分布规律的初始条件和导热物体边界上的温度分布或换热情况的边界条件。

(一)初始条件

热防护服装在受热开始时刻的温度分布 $T_i(r,0)$ 是已知的,即

$$T(r,t=0) = T_i(r=r_a) \quad (5-3)$$

这里我们假定服装面料在受热之前的温度分布一致,为32.5℃。

(二)边界条件

防护服装边界上的温度属传热学意义上第二类边界条件,即给出任何时刻物体边界上的热流密度分布 q 为已知分布函数:

$$q = -\lambda 2\pi r\frac{\partial T}{\partial r} \quad (5-4)$$

其中服装外层受热面的边界条件是：

$$2\pi \cdot r\lambda(T)\frac{\partial T}{\partial r} + c_p(T)\rho \cdot \mathrm{d}v\frac{\partial T}{\partial t} = q_{conv} + q_{rad} \qquad (5-5)$$

式中：q_{conv}——防护服与空气的对流换热量，kW/m^2；

q_{rad}——防护服与辐射热源之间辐射换热量，kW/m^2。

一般地，q_{conv}与q_{rad}之和即是到达防护服外层总的热流量，也就是预测模型所要输入的暴露热量参数，要确定q_{conv}需要先确定织物表面的对流换热系数h_f，辐射源表面与织物表面距离仅4cm左右，可以把辐射源与织物之间对流传热看作是内部自然对流或流动强制对流换热，由于强制对流换热实验关联式的确定与计算和涉及流动及换热的条件有关，因此这里用前面章节制作的对流/辐射换热流传感器测定对流换热系数h_f，即：

$$q_{conv} = h_f(T_{air} - T_{fab}) \qquad (5-6)$$

这里T_{air}是织物表面热空气温度；T_{fab}是织物表面温度。

在计算任何一个表面与外界之间的辐射换热时，必须把该表面向空间各个方向发射出去的辐射能考虑在内，也必须把由空间各个方向投入到该表面上的辐射能包括进去，而织物与辐射源之间的空气介质不参与热辐射，因此q_{rad}就是织物与辐射源表面辐射换热，属被透热介质隔开的两固体表面间的辐射换热，可采用网络模拟法计算其辐射换热量。对于这类辐射换热问题，必须作些假设以进行简化。这些假设是：

（1）辐射源和试样的表面温度为均匀分布；

（2）辐射源和试样的表面均为漫射灰表面，即单色吸收率与波长无关；

（3）辐射源和试样的表面有效辐射J和投射辐射G都是均匀分布的。

如图5-3所示圆筒上、下侧底面绝热且不参与腔内辐射，这样只有两个辐射表面，从织物表面传出的净辐射能流q_1必定等于传给辐射源内表面的净辐射能流$-q_2$。因此，$q_1 = -q_2 = q_{1,2}$。两表面之间的辐射换热总热阻，是由表面间辐射热阻和一个空间辐射热阻所组成，因此辐射换热量为：

$$q_{rad} = \frac{E_{b1} - E_{b2}}{R_1 + R_{1-2} + R_2} = \frac{E_{b1} - E_{b2}}{\dfrac{1-\varepsilon_1}{A_1\varepsilon_1} + \dfrac{1}{A_1 F_{skin-fab}} + \dfrac{1-\varepsilon_2}{A_2\varepsilon_2}} \qquad (5-7)$$

织物表面为凸表面，此时$F_{fab-rad} = 1$，式（5-7）可简化为：

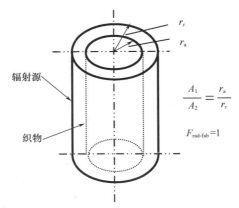

图 5 - 3　辐射源 - 服装表面辐射换热物理模型

$$q_{\text{rad}} = \frac{\sigma(T_{\text{rad}}^4 - T_{\text{fab}}^4)}{\dfrac{1}{\varepsilon_{\text{fab}}} + \dfrac{1 - \varepsilon_{\text{rad}}}{\varepsilon_{\text{rad}}}\left(\dfrac{r_{\text{a}}}{r_{\text{r}}}\right)} \cdot \frac{r_{\text{a}}}{r_{\text{r}}} \qquad (5 - 8)$$

式中：A_{skin}——皮肤表面积，m^2；

A_{fab}——服装内表面面积，m^2；

σ——斯蒂芬—玻尔兹曼常数，$5.67 \times 10^{-8}\,\text{W}/(\text{m} \cdot \text{K}^4)$；

ε_{fab}——服装的辐射系数；

ε_{rad}——辐射源表面辐射系数；

r_{r}——辐射源构成的圆筒内半径，m；

r_{a}——织物的外半径，m；

T_{rad}——辐射源内表面温度，K；

$F_{\text{rad-fab}}$——辐射源与服装角系数。

防护服装内表面的边界条件就是与皮肤之间的热流通量的表达式。而它们之间的热流通量主要包括辐射换热和通过空气层的对流换热量，因此可以写出防护服装内表面热传递的内边界条件：

$$-2\pi \cdot r\lambda(T)\frac{\partial T}{\partial r} + C_{\text{p}}(T)\rho d\nu\frac{\partial T}{\partial t} = q_{\text{airconv}} + q_{\text{airrad}} \qquad (5 - 9)$$

式中：q_{airconv}——防护服与皮肤之间的对流换热量，kW/m^2；

q_{airrad}——防护服与皮肤之间的辐射换热量，kW/m^2。

防护服与皮肤之间对流量大小可通过它们之间的微小空气层的传热特性进行计

算,而辐射换热较为复杂,须考虑到服装与皮肤之间的辐射角系数,本节接下来将作具体的叙述。

三、热辐射对织物作用分析

(一)织物热分解变化分析

式(5-2)右边最后一项是织物内能增量之一,可用类似于相变的方法处理,将同一物体内的两相视作连续介质系统,在某一单值域内的离散点或离散网格上解差分方程,即划分固定网格方法,这种方法又被称作单值域法,运用这种方法优势在于能够处理物体内部复杂的相变边界。

织物在高温下会发生热化学变化,内部物质状态发生变化,其热传递过程属于伴有相变的热传导过程,即移动边界问题。因此,如何化移动边界问题为"单相"非线性导热是求解织物在强辐射能量作用下内部温度场的一个关键。首先,这里不考虑发生化学变化的物质与未发生化学变化的物质内部分界点,把织物视作各向同性的均质板,从而可以得到固定网格法简化形式即热焓方程,依据其相变温度的范围,共有三个简化方程:

$$
\begin{cases}
E(T) = \displaystyle\int_{T_0}^{T} \rho \cdot c_0(T)\,\mathrm{d}T & T < T_m \\[3mm]
E(T) = \displaystyle\int_{T_0}^{T_m} \rho \cdot c_0(T)\,\mathrm{d}T + \int_{T_m}^{T}\left[\rho\,\frac{\partial L}{\partial T} + \rho c_m(T)\right]\mathrm{d}T & T_m \leqslant T \leqslant T_1 \\[3mm]
E(T) = \displaystyle\int_{T_0}^{T_m} \rho \cdot c_0(T)\,\mathrm{d}T + \rho \cdot P + \int_{T_m}^{T_1} \rho \cdot c_m(T)\,\mathrm{d}T + \int_{T_1}^{T} \rho \cdot c_1(T)\,\mathrm{d}T & T > T_1
\end{cases}
$$

$$(5-10)$$

式中: E——热焓函数;

T_0、T_m 和 T_1——分别是织物初始温度、织物热相变(热化学变化)温度范围的上限和织物热相变温度范围的下限;

c_0、c_m 和 c_1——分别是织物相变前、相变中和相变后的比热;

P——织物相变的释放或放出潜热能。

要得到上述每个相态方程的独立解,须要引入两相界面温度连续及能量守恒方程,即边界条件:

$$
\lambda_s \frac{\partial T_s}{\partial x} - \lambda_1 \frac{\partial T_1}{\partial x} = \rho \cdot P \frac{\partial S}{\partial t} \tag{5-11}
$$

其中，S 是某一时刻两相界面位置。

将方程式(5-11)代入到傅立叶热导方程及两相界面能量守恒方程，得到如下热焓差分方程：

$$\frac{\partial E}{\partial t} = \frac{\partial}{\partial x}\left(\lambda \cdot \frac{\partial T}{\partial x}\right) \qquad (5-12)$$

解上述差分方程(5-12)有多种方法，主要有热源法、热焓法和显热容法等。本章选择了显热容法求解一维数学模型。显热容法认为物质熔解过程中具有一个明显的相变界面宽度，并在此两相区内把物质的潜热看作是很大的显热容量，通过引入一个有效比热容 C_{ef} 来考虑材料相变过程中的潜热。通过上述推算演化，就构造了一个在整个区域内适用的"等价热容"，转化为相变非线性导热问题，求出温度场后，再确定其熔融相变界面的位置。因此，本章节中显热容 C_{ef} 为：

$$C_{ef}(T) = \frac{\partial E(T)}{\partial T} \qquad (5-13)$$

将式(5-12)代入式(5-13)得到织物温度场计算模型如下：

$$C_{ef}(T) = \frac{\partial T}{\partial t} = \frac{\partial}{\partial x}\left(\lambda(T)\frac{\partial T}{\partial x}\right) \qquad (5-14)$$

这样可以得到防护织物显热容表达式：

$$\begin{cases} C_{ef}(T) = \rho c_s(T) & T < T_m \\ C_{ef}(T) = \rho c_m(T) + \dfrac{\rho \cdot P}{T_1 - T_m} & T_m \leqslant T \leqslant T_1 \\ C_{ef}(T) = \rho c_1(T) & T > T_1 \end{cases} \qquad (5-15)$$

利用显热容法处理织物高温熔融相变问题，可简化织物导热模型方程式(5-2)，成为：

$$C_{ef}(T) = \frac{\partial T}{\partial t} = \frac{\partial}{\partial r}\left(\lambda(T)\frac{\partial T}{\partial t}\right) + \lambda(T)\frac{1}{r}\frac{\partial T}{\partial r} - \frac{\partial}{\partial r}(q_{rad}) \qquad (5-16)$$

(二)辐射能量在面料内部衰减程度分析

高温辐射热存在的条件下，辐射热传递到织物表面，一部分被反射掉，另一部分则被织物吸收和透射，这一过程是相当复杂的，它可以通过三种渠道多方式到达人体皮肤表面：

（1）短波红外线直接穿透纤维层的透射。

（2）在织物中,通过交织的纱线之间的孔隙和纤维间的缝隙直接透过。

（3）通过纤维间、纱线间的热传导传热,使织物温度升高产生二次辐射。

本模型预测所用织物的覆盖系数在 93% ~ 100% 之间,不足以辐射能量透过织物,且织物所处的温度场中一般没有可见光和紫外光,因此,模型分析中就无需考虑上面所述第 1、第 2 项,故可以认为织物的热辐射实际上就是热红外区域辐射。

高温辐射环境中,热防护织物或服装会吸收一部分热源辐射的热量,因此,数值模拟热护服的热传递过程必须得正确分析织物的吸收辐射热性能。纺织科学工作者已经对多孔介质、纺织材料等辐射吸收性能进行了大量的分析与比较,而本章中所讨论的组成防护服装机织物,是纤维和纱线按一定的加捻次序和组织结构排列而成的,其吸收辐射热的性能与那些非织造产品有相当大的差别。另外,防护服装在高温、超高温的辐射环境下,其表层温度甚至超过 600℃,而在服装热舒适性研究中,人体保持舒适状态的温度在 20℃ 左右,因此,辐射线波长分布各不相同,从而织物吸收的辐射热也不相同。

托尔维(Torvi)将机织物吸收热辐射热分为三个阶段。第一阶段是辐射线波长 λ 与纤维直径 D_f 之间的相互作用,紧接着是辐射线波长 λ 与由纤维组成的纱线直径 D_y 作用,最后考虑的是辐射线与织物结构之间的相互影响关系,为了使辐射热吸收的过程分析更为简单,我们假定组成织物的纤维和纱线均为灰体。通过这三个阶段的辐射进行分析,可知当被吸收的热辐射线在穿过约一根纤维直径的距离后,其辐射能量被吸收 63% ;辐射热在通过第二根纤维后,入射的辐射能量仅剩下 14% ;而穿过第三根纤维后,仅 5% 的入射辐射总能量未被纤维吸收,得出入射到单根纤维上的总辐射能量大部分被纤维吸收(63%)或散射。

因此,在实际应用中,辐射能量 q_{rad} 通过各向同性材料的衰减程度可以很方便用 Beer 定律计算出来:

$$q_{rad}(x) = q_{rad}(0)e^{-\alpha x} \tag{5-17}$$

其中, α ——材料的消光系数,它同材料的辐射透射系数 τ 符合下列关系式:

$$\alpha = -\ln(\tau)/L \tag{5-18}$$

L 为材料的厚度。

综合以述,并结合上述 Beer 定律,微分方程式(5 - 16)右侧第三项可以用式(5 -17)代替(式中 x 相应改为 $r - r_1$),r_1 为面料的内半径。从而该微分方程式可写成为:

$$C_{ef}(T) \frac{\partial T}{\partial t} = \lambda(T) \frac{\partial^2 T}{\partial r^2} + \lambda(T) \frac{\partial T}{\partial r} \alpha q_{rad}(0) \exp^{-\alpha(r-r_1)} \quad (5-19)$$

第二节　服装层下微小空间的能量热递

在防护服实际穿着过程中,由于人体的不断运动,使得热传递过程始终处于一个动态变化之中。衣下空气层内的空气不可能完全静止,在织物之间由于存在温度差而产生导热的同时,也必然会由于空气分子的运动而产生自然对流。除非衣下空气层所处的空间非常小,无法形成对流,这时才会有单纯的导热现象,而这种情况在防护服装的实际穿着过程中几乎是不可能的,并且在不同情况下微小空气层内的对流现象发生的临界点也不同,随着它的温度改变而改变。

热在防护服上的传递最终会通过服装层下微小空气层传递到人体皮肤,其所处的状态是影响防护服装热防护性能的主要因素。如果织物与皮肤之间的空气间隙为零,也就是它们之间直接接触,在同样的受热条件下,织物背面温度上升程度比有空气层的情况高,而皮肤的温度上升率则恰恰相反,因为空气层缓冲了受热的织物向皮肤的传热作用,所以同样达到二级烧伤度所需的时间比接触测试长,这样同样一块防护织物可能由于微小空气层的存在与否,而测试得出不同的热防护性能。

有鉴于此,学者们非常重视对衣下微小空气层的研究,东华大学刘丽英博士将常温下服装微小空气层内的空气视为各向同性的连续介质,考虑了空气层的热传导作用,建立了针对空气介质的径向一维热传导模型,然而在高温下,空气层易发生对流,这时服装与皮肤之间的传热主要以对流为主,该模型并不适合于高温环境下热防护服装的数值模拟。陈(Chen)等人用织物与皮肤之间的传热系数来量化这两个表面间的热量传递,而这一模型也是基于空气层间的纯热导作用建立的。更多研究者则是将这一空气层看作是矩形封闭腔,借助于有限空间内对流传热机理,综合考虑空气层内空气对流和织物辐射作用,确定两个表面间传热系数,计算出织物与皮肤之间传递热流量值。

目前,防护服传热研究只涉及了衣下垂直和水平空气层两种情况。垂直封闭层对流传热机制应用在模拟火人等较大型测试系统传热模型中,而模拟小规模测试装置的传热机理,则应考虑水平封闭层的传热机理。不难发现,无论是垂直还是水平封闭层,都是基于平面一维的传热机理,也只能用来模拟平面织物的传热,而与实际服装传热模型的原理则有很大的差别。由于模型建立的需要,本节中将着重讲述圆筒形封闭层的对流与辐射换热量大小的计算。

一、圆筒形微小空气层对流换热量的计算

根据牛顿冷却定律,微小空气层中对流换热量 q_{aircon} 可由式(5-20)计算

$$q_{aircon} = h'_f (T_{fab} - T_{skin}) \qquad (5-20)$$

其中,h'_f 是自然对流换热系数,根据垂直同心圆环封闭层的自然对流换热的规律,得到 h_f 的表达式:

$$h'_f = Nu \frac{\lambda_{air}(T_m)}{r_{airgap}} \qquad (5-21)$$

$$T_m = (T_{fab} + T_{skin})/2 \qquad (5-22)$$

式中:Nu——努谢尔特数;

$\lambda_{air}(T_m)$——空气的导热系数,随温度变化;

r_{airgap}——试样层下空气层厚度,m;

T_{fab}——试样表面温度,K;

T_{skin}——皮肤表面温度,K。

卡顿(Catton)总结得到垂直封闭圆筒有限空间的对流传热的经验表达式,对于层流:

$$Nu = 0.59(GrPr)^{1/4} \quad 10^4 < Ra < 10^9 \qquad (5-23)$$

对于紊流:

$$Nu = 0.13(GrPr)^{1/3} \quad Ra > 10^9 \qquad (5-24)$$

二、微小空气层辐射换热量的计算

由于织物受热后温度升高较快,其高温背面会向人体皮肤表面辐射能量,这也是人体与服装的空气层主要换热量,一般占空气层总换热量的 70% ~ 80%。

防护服与皮肤之间微小空气层的辐射换热也是属于一个封闭系统,亦可采用辐射源与服装之间的物理换热网络模拟法,计算换热量。图 5-4 是服装—皮肤表面辐射换热物理模型,根据辐射源与服装辐射换热计算方法,可得:

$$q_{\text{airrad}} = \frac{\sigma(T_{\text{fab}'}^4 - T_{\text{skin}}^4)}{\dfrac{1}{\varepsilon_{\text{skin}}} + \dfrac{1 - \varepsilon_{\text{fab}}}{\varepsilon_{\text{fab}}}\left(\dfrac{r_{\text{c}}}{r_{\text{d}}}\right)} \cdot \frac{r_{\text{c}}}{r_{\text{d}}} \qquad (5-25)$$

式中:A_{skin}——皮肤表面积,m^2;

A_{fab}——服装内表面面积,m^2;

ε_{fab}——服装的辐射系数;

$T_{\text{fab}'}^4$——服装面料内表面温度,K;

$\varepsilon_{\text{skin}}$——皮肤表面辐射系数;

r_{d}——服装构成的圆筒内半径,m;

r_{c}——皮肤的外半径,m。

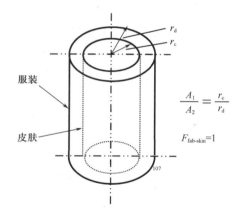

图 5 - 4　服装—皮肤表面辐射换热物理模型

第三节　皮肤(模拟器)传热模型及皮肤烧伤模型

一、皮肤传热方程

系统"防护服—空气层—皮肤模拟器(皮肤)"模型分别要对皮肤模拟器和皮肤建立传热数值方程。用前面章节实验中曾用皮肤模拟器表面的热电偶测量其表面温度,以 Diller 法则计算模拟器表面吸收的热流量为皮肤传热模型边界条件,分析计算得到皮肤烧伤时间,这两个皮肤模型分别是传统的 Pennes 传热方程和热波皮肤模型(TWMBT),并且实验分析将 Pennes 传热方程与热波皮肤模型(TWMBT)进行了比较,得到热波皮肤模型(TWMBT)预测精度比 Pennes 方程预测精度高的结论,因此,整个系统模型中的皮肤方程选择了 TWMBT 传热差分方程,见式(5 – 26):

$$\tau \frac{\partial^2 T}{\partial t^2} + \left(1 + \tau\omega_b c_b / \rho_{skin} c_{skin}\right) \frac{\partial T}{\partial t} = \alpha\left(\frac{\partial^2 T}{\partial r^2} + \frac{1}{r}\frac{\partial T}{\partial r}\right) + \frac{\omega_b c_b}{\rho_{skin} c_{skin}}(T_b - T) + \frac{\alpha}{k}\left(q_r + q_m + \tau\frac{\partial q_r}{\partial t}\right)$$

$$(5 – 26)$$

经简化可得下式:

$$\tau \frac{\partial^2 \theta}{\partial t^2} + \left(1 + \tau\omega_b c_b / \rho c\right) \frac{\partial \theta}{\partial t} = \alpha \frac{\partial^2 \theta}{\partial r^2} + \frac{1}{r}\frac{\partial \theta}{\partial r} - \frac{\omega_b c_b}{\rho c}\theta + \frac{\alpha}{k}\left(q_r + \tau\frac{\partial q_r}{\partial t}\right)$$

$$(5 – 27)$$

这里,θ 为基于稳态温度的温升,即 $\theta(r,t) = T(r,t) - T_s = T(r,t) - T(r,0)$。
TWMBT 传热方程的初始条件和边界条件分别是:

初始条件:假定皮肤温度呈线性分布,表层温度为 34℃,人体体核温度为 37℃,那么,

$$T(r, t = 0) = T_i(r) \tag{5 – 28}$$

外边界条件:

$$2\pi \cdot r\lambda_{skin}(T) \frac{\partial T}{\partial r} + c_{skin,P}(T)\rho_{skin}(T)dv\frac{\partial T}{\partial t} = q_{airconv} + q_{airrad} \tag{5 – 29}$$

内边界条件:

$$T = T_a = 37℃ \tag{5 – 30}$$

T_a 是人体内核温度。

式(5 – 29)中,λ_{skin}、c_{skin} 和 ρ_{skin} 分别是皮肤的导热系数、比热容和密度;$\frac{\partial T}{\partial t}$ 是瞬态项,表示模拟器的温度是时间 t 的函数,即 T 随时间 t 的变化而变化,$\frac{\partial T}{\partial r}$ 是对流项,表示由热流束的宏观位移而引起的热量转移,而 $\frac{\partial^2 T}{\partial r^2}$ 是导热项,表示由导热引起的热量转移。

本系统中采用了皮肤的三层结构模型,这三层分别是表皮层、真皮层和皮下组织层,各层热物理属性及厚度如表 5 – 1 所示。假设皮肤各层的热属性值不随温度的改变而变化,仅考虑了真皮层及皮下组织的血流灌注率。

表 5-1 皮肤各层传热参数值

传热参数值	人体皮肤		
	表皮层	真皮层	皮下组织
导热系数,W/m·K	0.255	0.523	0.167
密度,kg/m³	1200	1200	1000
比热,J/kg·K	3600	3400	3060
厚度,m	8.0×10^{-5}	2.0×10^{-3}	1.0×10^{-2}
皮肤表面辐射率	0.94	—	—
血流灌注率,m³/(m³·s)	0	0.00125	0.00125
初始温度,℃	34	—	37

二、皮肤模拟器传热方程

为了比较模拟器表面温度的预测和测试结果,系统模型中同时选择了皮肤模拟器传热方程进行数值模拟。

皮肤模拟器传热模型采用了一维径向热传导方程,见式(5-31):

$$\lambda_{skin}(r,t)\frac{\partial T}{\partial r} + \lambda_{sim}(r,t)r\frac{\partial^2 T}{\partial r^2} = c_{sim}(r,t)\rho_{sim}(r,t)r\frac{\partial T}{\partial t} \qquad (5-31)$$

其中,λ_{sim}、c_{sim} 和 ρ_{sim} 分别是皮肤模拟器的导热系数、比热容和密度。

皮肤模拟器传热方程的初始条件和边界条件分别是:

初始条件:假定模拟器温度呈线性分布,表层温度为 34℃,与恒温冷板接触面温度为人体体核温度,人体体核温度为 37℃,那么,

$$T(r, t = 0) T_i(r) \qquad (5-32)$$

外边界条件:

$$2\pi \cdot r\lambda_{sim}(T)\frac{\partial T}{\partial r} + c_{sim,P}(T)\rho_{sim}(T)dv\frac{\partial T}{\partial t} = q_{airconv} + q_{airrad} \qquad (5-33)$$

内边界条件:

$$T = 37℃ \qquad (5-34)$$

三、皮肤烧伤积分模型

本章节采用了亨利·奎因斯（Henriques）的皮肤烧伤积分模型对皮肤烧伤进行判断与评价。当皮肤基面（皮肤表皮层与真皮层界面处）温度高于44℃时，皮肤就会发生热破坏，而破坏的程度可以通过一阶化学变化模型，即一阶阿伦尼乌斯（Arrhenius）方程表达：

$$\frac{\mathrm{d}\Omega}{\mathrm{d}t} = P\exp\left(\frac{-\Delta E}{RT}\right) \tag{5-35}$$

Henriques皮肤烧伤积分模型方程具体离散及计算过程见第三章相关内容所述。

第四节 热防护服传热模型中的面料性能参数分析

前三节内容涉及了"防护服—空气层—皮肤模拟器（皮肤）"的圆柱形系统传热模型的建立简化以及边界条件的确定，本节内容将对模型数值化解的各参数进行分析，在高温强热流照射下，热防护服装、服装层下空气热属性参数并不是常数，而是随着时间、温度的外界作用条件变化而变化的变量，因而在模型中需要讨论这些变量参数的变化规律以及如何确定这些参数，并写出它们的具体表达式。

一、服装面料试样

"防护服—空气层—皮肤模拟器（皮肤）"模型中，服装面料种类不同，会影响到模型参数选择。这里选择了Metamax®和Panof两种类型的织物试样。在满足模型成立的条件下，假设面料近似为灰体，不足以传递对流热，辐射热不能穿透过织物等。

测试前，需要将服装面料在50℃的温水中用合成洗涤剂洗涤三次，中等洗涤强度，然后将其晾干，在标准环境（温度20±2℃，相对湿度65±2%）调湿24小时后测试织物试样结构参数值或热属性参数。

二、服装面料厚度

严格意义上来说，织物上各截面厚度不一致，这是由于织物纱线中纤维的排列情况各异，会影响到织物厚度分布情况，从而会影响到织物在高温下的热行为。织物在热暴露期间厚度变化非常微小,其变化量相对于整个织物厚度来说,可以忽略不计,因此模型离散过程中,认为织物厚度是常量。调湿后的防护织物试样用织物 KES 织物风格仪(DES – FBI)厚度测试仪测试,测试时的接触压为1.0kPa,精确到0.01mm。

三、服装面料密度

实际上,面料密度在热暴露过程中也是变化的。但沙莱夫(Shalev)用 TPP 实验预测 Nomex® 防护织物热属性过程中,发现面料在受热过程中变化量非常小,几乎可以忽略。为了验证沙莱夫(Shalev)结论是否适合于 Metamax® 及 Panof 织物,取 M1、P1 试样各 5 块(每块试样密度严格相等,上下误差不超过 0.05g/cm³)暴露于高温辐射环境下进行测试,5 块试样分别安排暴露 1 ~ 20s 实验,也就是说第 1 块试样暴露4s,第 2 块试样暴露 8s,如此第 5 块试样暴露时间为 20s,试验后测量试样的密度,得到 1 ~ 20s 时间内试样的密度保有率值曲线,作成曲线如图 5 – 5 所示,密度变化基本是处于波动变化,其最大波动幅度在 0.08 以内,因此可以近似地认为织物在受热时密度保持不变。

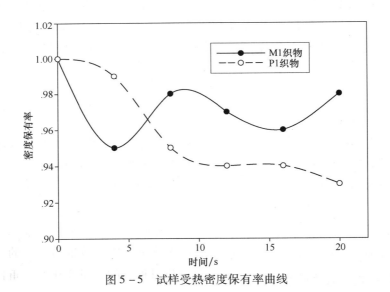

图 5 – 5　试样受热密度保有率曲线

四、服装面料有效导热系数

虽然织物的有效导热系数可用热重分析法(TGA)和差示扫描量热法(DSC)实验进行确定,但实验过程复杂,工作量大,且不易演变出导热系数与某些参数函数影响关系式。比较多种预测织物导热系数分析模型优劣之后，这里采用了第四章所介绍的织物材料导热系数分形模型，见式(5-36)。两种织物导热系数分形模型所用参数总结见表5-2。

$$\lambda = \frac{1}{E + v_f^{\frac{1}{2(d-1)}} T^3} \qquad (5-36)$$

其中，$E = \dfrac{\lambda_a \cdot v_f^{\frac{1}{3}} + \lambda_f \cdot (1 - v^{1/3})}{\lambda_a \cdot \lambda_f \cdot (1 - v_f^{\frac{1}{3}} + v_f) + \lambda_a^2 \cdot v_f^{\frac{1}{3}}}$ 。

表5-2　织物导热系数分形模型所需参数表

参数	织物试样	
	Metamax（M1）	Panof（P1）
纤维固含率，v_f	79%	86%
空隙率，v_a	21%	14%
分形维数，d	0.886	0.863

五、服装面料比热及热裂解温度

20℃时，聚合物材料的比热容在0.29~0.39cal/g·K范围内变化，在外界温度从230℃变化到730℃时，绝大部分织物材料的比热变化接近50%。朔佩（Schoppee）等人在研究聚合物材料的比热属性时，提出了比热与温度变化的经验关系式：

$$C_p = 2.22T + 629 \qquad (5-37)$$

上式中，T是绝对温度，K；C_p是比热，J/kg·K。而巴克（Backer）等人将织物包裹在量热计上测试其比热值，他们发现温度在50~250℃范围内，大部分织物的比热值在0.22~0.64cal/gK内变化。

托尔维（Torvi）综合运用两种方法测量高温环境下织物的比热值，即热重分析法（TGA）与差示扫描量热法（DSC）。借助于TGA测量物质的质量与温度的关系，通过对被分析织物的降解过程加以记录，得出其分析过程中的质量变化及失重速度，从而可以得到织物中水分蒸发或材料降解的温度范围；利用DSC方法测量输入的物质和参比物的功率差与温度的关系，从而可以确定试样的吸热和吸热峰以及比热与温度的函数关系。

本实验中按照托尔维所描述的方法测试并预测防护织物试样（Metamax®织

物与 Panof 织物试样)的比热与温度的定量关系。DSC 试验采用由德国耐弛公司生产的 DSC404 差示扫描量热仪,升温条件是:气流为 20mL/min 的氧气,升温程序为 40 ~ 300℃,升温速率为 10℃/min。式(5 – 38)即是织物材料在不同升温阶段的显热容:

$$
\begin{aligned}
C_{ef} &= 1300 + S_1(T - 300) & T &< T_{wtr1} \\
&= \frac{\Delta h_{wtr}(moist)}{\Delta T_{wtr}} + 1300 + \frac{\Delta T_{wtr} S_1}{2} & T_{wtr1} &\leq T \leq T_{wtr2} \\
&= 1300 + S_1(T - 300) & T_{wtr2} &< T < T_{rx1} \\
&= \frac{\Delta h_{rx}}{\Delta T_{rx}} + 1300 + S_1(T_{rx1} - 300) + \frac{\Delta T_{rx} S_1}{2} & T_{rx1} &\leq T \leq T_{rx2} \\
&= 1300 + S_1(T - 300) & T &> T_{rx2} \qquad (5 - 38)
\end{aligned}
$$

式中,Δh_{wtr} 是水的蒸发热;Δh_{rx} 是织物面料热分解所释放或吸收的能量;$moist$ 是织物面料初始含湿量;S_1 是两种织物的 DSC 曲线的斜率;ΔT_{wtr} 是材料中水分蒸发时的材料温度;ΔT_{rx} 是织物面料热分解时的温度;而下标 1 和下标 2 分别代表物化反应的上限与下限温度。表 5 – 3 是两种织物的上属参数值一览表。

表 5 – 3 织物比热值计算公式(5 – 38)所需参数表

常 数	织物试样	
	Metamax®(M1)	Panof(P1)
Δh_{wtr}(kJ/kg·℃)	2500	2500
Δh_{rx}(kJ/kg·℃)	130	130
T_{wtr1}(℃)	75	75
T_{wtr2}(℃)	125	125
T_{rx1}(℃)	425	550
T_{rx2}(℃)	625	650
$moist$	0.055	0.078
S_1(J/kg·℃)	1.8	1.6

六、服装面料透射系数与辐射系数

上节讨论了辐射能量通过防护织物衰减程度近似的符合 Lambert – Beer 定律所

描述的材料吸收辐射能量特征,其衰减程度可用材料的消光系数 α 来表达,而消光系数 α 又与材料的透射系数 τ 成一定函数关系。热防护织物面料消光系数 α 可用式(5-39)表达:

$$\alpha = -\ln(\tau)/L \tag{5-39}$$

因此,问题就转化为通过测定织物的透射系数 τ 来计算其消光系数 α。对于防护织物来说,托尔维(Torvi)用尼科莱特-傅立叶红外传输分光计(Nicolet Fourier Infrared)分别测试了 Nomex® IIIA 和 Kevlar/PBI 两种织物试样的辐射透射率,发现即使这两种织物在 $80kW/m^2$ 强热流环境下辐射 10s 后,其透过率大小均保持在 0.01 左右,相对误差约为 1%,他并将此结论成功应用于一些织物包括阻燃织物,如芳纶、阻燃棉织物等。本实验模型根据珠海宇和防护品公司提供的防护面料辐射透过率的数据,整个热辐射模型计算中取 Metamax® 织物透射率为 0.013,Panof 织物透射率为 0.011。

模型中所用的两种织物的辐射率 ε 的测定均采用了热防护织物有效导热系数测试仪测定,测试时将织物固放在恒温冷板上,待系统稳定 20min 后进行数据采集,共采集 20 次数据,取其数学平均值。Metamax 织物辐射率取 0.9,Panof 织物的辐射率取 0.91。

七、模型用织物参数小结

本模型所用到的织物热属性及结构参数总结于表 5-4。

表 5-4　模型用织物热属性及结构参数一览表

织物试样 参数	Metamax®	Panof
厚度	0.72mm	0.91mm
重量	23.50mg/cm²	39.30 mg/cm²
导热系数	瞬态,0.20-0.04W/(m·℃)	瞬态,0.20-0.04W/(m·℃)
比热	瞬态,1000-3900J/(kg·℃)	瞬态,1200-4500J/(kg·℃)
透射率,τ	0.013	0.011
辐射率,ε	0.90	0.91

第五节　模型求解、验证及精确检验

一、模型的数值求解

热防护服装瞬间被辐射源加热,其传热过程属于非稳态传热,即服装面料元素上的温度随时间变化而变化。通过在整个求解面料区域内建立有限数目的网格,将温度场各微分方程变换为节点方程,运用数值计算以求得各网格单元节点的温度。有限差分有多种差分格式,最常见的有显式格式、完全隐式格式和中式格式。由于完全隐式格式,即向后差商,具有无条件稳定以及网格间距和时间步长可独立选取而不受任何限制的优点,因此本章中求解热防护服装传热模型的偏微分方程时,采用此种格式。

由于微分方程中的辐射吸收这一非线性项,故采用了高斯—塞德尔点对点迭代法将非线性消除,求解的过程中结合使用下松弛过程来避免解的偏离。

涉及系统模型的偏微分方程的求解是非常复杂的过程,我们根据以上算法,用 VB 语言编写程序计算节点温度及热流量,同时在运算过程中,将皮肤节点预测温度代入皮肤烧伤预测模块,在计算机上运行该程序,即可求得"防护服—空气层—皮肤"

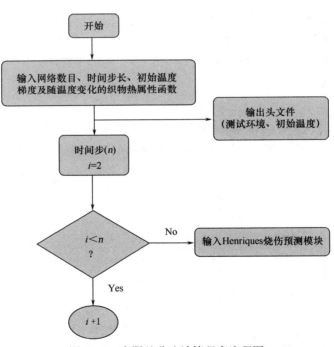

图 5-6　有限差分法计算程序流程图

系统的温度分布场及皮肤达到二级烧伤所需的时间,程序运行的流程如图 5-6 所示,图 5-7 是热防护服装隔热防护性能预测模型结构图。

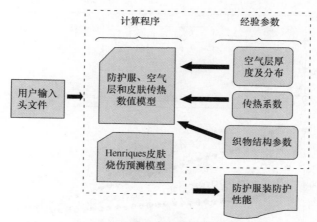

图 5 – 7　热防护服装隔热防护性能预测模型结构图

图 5 – 8 与图 5 – 9 分别是 Metamax® 织物和 Panof 织物试样"服装—空气层—皮肤"系统随温度随受热时间变化的曲线,由图 5 – 8 可知,暴露热源 20s 后,织物试样表面和背面的温度模型预测值相差近 150℃,由于织物的导热系数与比热容在受热阶段是个瞬时变化的值,因此织物内的温度分布并不是线性的,图 5 – 9 中也显示出这种非线性变化,而两种试样后的空气层两界面温度也相差近 150℃,可以说空气层的存在起到了相当强的隔热作用,但微小空气层中的温度变化是成线性下降的。

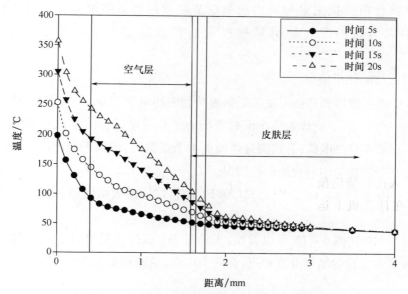

图 5 – 8　"服装—空气层—皮肤"系统温度分布曲线(Metamax® 织物)

(空气层厚度:1.2mm)

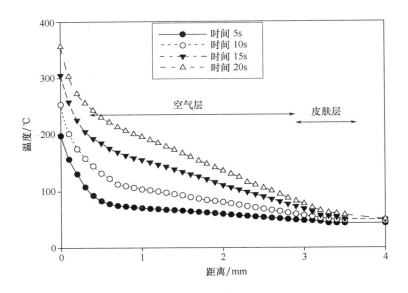

图5-9 "服装—空气层—皮肤"系统温度分布曲线（Panof织物）

（空气层厚度：2.5mm）

二、数值模型的验证

本节将数值模拟结果与利用前面章节装置的测试结果进行比较，通过对比分析结果来为防护服装的材料选择及防护性能测试方法提供理论和实验依据。

（一）面料试样的热反应

实验中面料表面和背面温度采用前面特制的热电偶测量，我们知道，热电偶所测量的是某一点温度，不能代表整个面料表面的平均温度，因此，在试样所要测量面不同位置上安放4只热电偶，分别测量该面上4个点温度，得到平均值。这种测量条件更接近模型中织物为均匀板的假设情况。

图5-10和图5-11分别为M1和P1面料试样的数值模拟和实验测试结果比较图。

由图5-10和图5-11可以看出，无论是M1试样还是P1试样，在热暴露的前10s内，模型和实验的结果非常相近，在后10s内，预测模型与实验的结果仅相差5%左右。

由于试样、辐射源和皮肤模拟器的互相作用，试样暴露于热辐射环境20s后，其

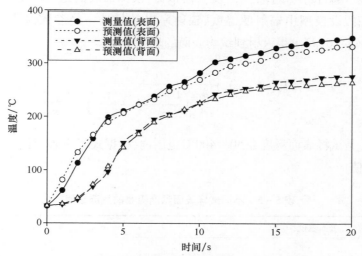

图 5 – 10　M1 试样温度的模型计算与实验结果比较

（空气层厚度：3mm；辐射源温度：600℃）

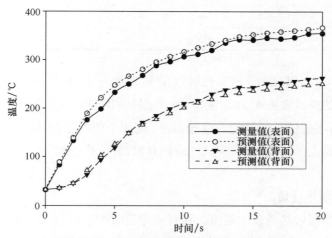

图 5 – 11　P1 试样温度的模型计算与实验结果比较

（空气层厚度：3mm；辐射源温度：600℃）

传热过程趋向于稳态。由本章第一节模型的外边界条件的确定过程，我们知试样表面温度的四次方与织物表面吸收的能量成递减函数关系，因此，试样表面温度升高，则试样吸收的热流量值减小。一般 RPP(Radiant Protective Performance)试验中，规定辐射源操作热流量值为 $21kW/m^2$，经过热辐射 20s 后，试样表面温度最高能达到

400℃,若辐射热直接作用于裸露的皮肤模拟器,模拟器表面温度仅能升高到150℃。在这里,我们假设模型中辐射源温度、辐射率以及另外一些参数保持不变,综合式(5-5)和式(5-6)可求得入射到织物表面的热流量 q:

$$q = h_f(T_{air} - T_{fab}) + \frac{\sigma(T_{rs}^4 - T_{fab}^4)}{\frac{A_{fab}}{A_{rs}}\left(\frac{1 - \varepsilon_{rs}}{\varepsilon_{rs}} + \frac{1}{F_{fab-rs}}\right) + \frac{1 - \varepsilon_{fab}}{\varepsilon_{fab}}} \qquad (5-40)$$

表5-5是试样表面温度在50~400℃范围内,根据式(5-40)计算得到的试样吸收的热流量值。

表5-5 不同试样表面温度吸收的热流量值

表面温度(℃)	净吸收热流量(kW/m²)
50	20.5
100	18.1
150	15.6
200	12.9
300	9.5
400	4.3

因此,试样表面温度为150℃时吸收的热流量为15.6kW/m²,试样表面温度为400℃时,吸收的热流量为4.3kW/m²。随着试样背面温度的升高,背面辐射能量也增加,同时表面所吸收的热流量值在逐渐减小,这两个值在受热20s内会达到平衡,使试样传热变成稳态的传热过程,而试样继续升温,其传热过程要达到稳态则需要更长时间。

(二)皮肤模拟器热反应

皮肤模拟器吸收热量值主要由织物背面温度、织物与(皮肤)模拟器之间的辐射角系数以及织物与(皮肤)模拟器的表面积决定。要达到模型与实验的可比性,必须要解决模型与实验中织物与(皮肤)模拟器的辐射换热量相等的问题。织物背面温度是与辐射源有关,实验和模型中都考虑到了织物与辐射源尺寸长度(直径)相等,保证入射到织物表面的热流密度相等,因此根据这个要求,模型与实验中需要将织物与(皮肤)模拟器的(直径)长度设置为相等。

图5-12是运用模型预测和实验测试皮肤模拟器表面在M1服装层下的温度反应曲线,同时也给出了皮肤初始烧伤起始线,即44℃线。由于不能采用人体

真实皮肤进行测试的局限性,因此这里实验测试的对象为皮肤模拟器,而模型对象也是皮肤模拟器。从图 5 – 12 可以看出,皮肤模拟器实验测试与模型预测结果非常相近,初始阶段,实验测试值比预测值大,但经过加热一段时间后,实验值比模型值小。实验结果与模型计算结果的偏差率小于 7%,有关模型预测精度见接下来的内容。

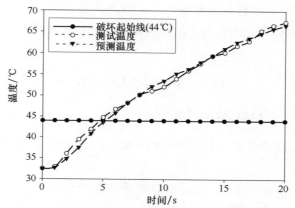

图 5 – 12   皮肤模拟器表面实验测试与模型预测结果比较

三、模型预测精度检验

对于模型预测精度是否符合规定范围,可以作出合理的假设,然后进行试验和计算,得到统计样本,最后根据样本,构造统计方法进行判断,决定是否接受这个假设,因此可以采用假设检验推断模型精度是否在允许范围内。

一般而言,假设检验包含的主要思想就是所谓概率性质的反证法:为了检验原假设 H_0 是否正确,我们先假定这个假设 H_0 为正确,看由此能推出什么结果。如果导致一个不合理现象的出现,则表明"假设 H_0 为正确"是错误的,即原假设 H_0 不正确,因此我们拒绝原假设 H_0。如果没有导致不合理现象出现,则不能认为原假设 H_0 不正确,因此我们不拒绝 H_0。其一般步骤是:

（1）根据问题的要求提出原假设 H_0 与备择假设 H_1。

（2）构造检验统计量与确定拒绝域的形式。

（3）选定适当的显著性水平 α,并求出临界值。

（4）根据样本观测值确定是否拒绝 H_0。

模型预测精度要求是控制模型预测值与实验测定值之间的偏差控制在某一范围之内,本章根据模型与实验预测的一般性要求假定偏差率 $\mu \leqslant 10\%$,则此检验中的参

数 $\mu_0 = 10\%\bar{y}$，其中 $\bar{y}$ 为实测值的平均值。因为热防护服内的温度分布并不服从正态分布，且方差 $D\zeta$ 未知，因此根据中心极限定理和方差未知时一个总体均值的假设检验定理，拟构造检验统计量：

$$Z = \frac{\bar{\zeta} - E\zeta}{S/\sqrt{n}} \longrightarrow \qquad N(0,1) \qquad\qquad (5-41)$$

此时的检验法是近似的 U 检验法。上式中，S 为模型和实验偏差的总体标准差，n 为总体量，$E\zeta$ 为总体偏差的均值。问题转化为在显著性水平 $\alpha = 0.05$ 下，即置信水平为 95%，检验假设：

$$H_0 : E\zeta \geq 10\%\bar{y}; H_1 : E\zeta < 10\%\bar{y}$$

此检验为单侧左尾检验，检验法则为：

$\dfrac{\bar{x} - \mu_0}{s/\sqrt{n}} - u_{1-a}$，则拒绝 H_0，即预测值和实测值之间的偏差小于 10%；

$\dfrac{\bar{x} - \mu_0}{s/\sqrt{n}} > - u_{1-a}$，则接受 H_0，说明模型的预测精度不够。

式中，s 是样本偏差的标准差，n 为样本量，$\bar{x}$ 是样本偏差的均值，等于 $|\bar{y_i} - \bar{y'_i}|$，$\bar{y_i}$ 是实验测定值的平均值，$\bar{y'_i}$ 是模型预测值的平均值。样本容量 $n = 21$。

表 5-6 列出了 M1、P1 织物和皮肤模拟器温度预测值和实测值的平均值、平均偏差，并计算出各种实验条件下的 $\dfrac{\bar{x} - \mu_0}{s/\sqrt{n}}$ 值，从工具表中查出 u_{1-a}，最后进行检验，都拒绝 H_0，可知预测值和实测值之间的偏差小于 10%。

表 5-6 预测精度检验表

预测对象	实验平均值	预测平均值	偏差	允许偏差	标准差	$\dfrac{\bar{x} - \mu_0}{s/\sqrt{n}}$ 值	$-u_{1-a}$ 值	检验
M1 织物表面温度	253.54	246.25	7.29	12.68	11.17944	-2.20942	-1.65	拒绝 H_0
M1 织物背面温度	193.69	189.08	4.61	9.68	6.36793	-3.64854	-1.65	拒绝 H_0
P1 织物表面温度	269.18	280.03	10.85	13.46	4.96201	-2.41042	-1.65	拒绝 H_0

预测对象	实验平均值	预测平均值	偏差	允许偏差	标准差	$\frac{\bar{x}-\mu_0}{s/\sqrt{n}}$ 值	$-u_{1-a}$ 值	检验
P1 织物背面温度	178.75	173.63	5.12	8.94	7.20129	−2.43088	−1.65	拒绝 H_0
皮肤模拟器表面温度	51.77	51.68	0.09	2.59	0.91701	−12.4933	−1.65	拒绝 H_0

第六节　模型参数分析

前几节有关模型分析内容已经谈到,数值模型中许多织物结构参数、热属性值都难以确定,即使获得了定量的值,但数据值的误差大;我们知道,建立防护服装模型的最终目的是为了指导热防护服装的生产,通过模型可以预测服装材料在模拟火或者高温辐射环境的隔热防护效果。结合模型的预测功能及高温环境下织物参数随温度变化的特点,需要根据各参数变化对服装防护效果的影响作定性的研究,做出合理的结论,从而依此正确的选择防护服装面料。

一、织物厚度

服装面料的厚度仅仅是名义值,在热暴露及洗涤后都会发生一定的变化,为了研究厚度对服装热防护性能的影响,取厚度为 0.6mm、1.2mm、1.8mm 及 2.4mm 的 Metamax®织物试样(M1)在空气层厚度为 6mm 时进行模型模拟计算,模型所需各参数见表 5-7,得到织物正反两面的温度分布值,如图 5-13 和图 5-14 所示。

表 5-7　模型方程计算所需参数一览表(厚度)

模型参数	
辐射源温度	600℃
面料重量	23.50mg/cm²
面料热属性	见表 5-4
空气层厚度	6.0mm
计算热暴露时间	20s

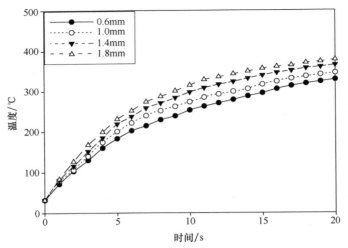

图 5 – 13　服装面料表面温度预测与厚度变化关系曲线

（空气层厚度：6mm；辐射源温度：600℃）

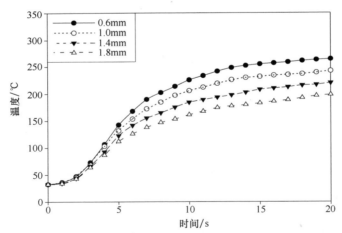

图 5 – 14　服装面料背面温度预测与厚度变化关系曲线

（空气层厚度：6mm；辐射源温度：600℃）

　　面料试样前表面温度随其厚度增加而增加，而试样背面温度却随其厚度的增加而减小。这是由于织物厚度增加，其热阻也相应增加，因此织物背面温度比同等受热条件下较薄织物背面温度低，从而导致通过空气层传递到"皮肤"的能量少，故皮肤达到二级烧伤所需时间增长。皮肤达到二级烧伤时间随织物厚度成线性增加（见图5 – 15），与文献[194]得出的结论相似。

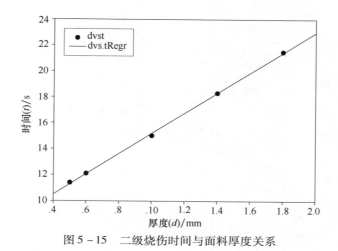

图 5 - 15　二级烧伤时间与面料厚度关系

二、面料导热系数

导热系数和比热容是决定热量在服装面料中传递大小的主要因素,其中导热系数是热运输性质,而比热容是热力学性质,面料温度不同都会影响到这两个属性参数值的大小。

为了研究热传递属性参数对面料热防护性能的影响,模型计算中取室温下织物面料热容值为 1300J/kg·℃,导热系数值在 0.02~0.24 W/m·℃ 之间变化,表 5 - 8 是导热系数参数分析模型所需参数一览表。

表 5 - 8　模型方程计算所需参数一览表(导热系数)

模型参数	
辐射源温度	600℃
面料厚度	0.7mm
面料重量	23.50mg/cm^2
面料热属性	见表 5 - 4
空气层厚度	6.0mm
计算热暴露时间	20s

图 5 - 16 和图 5 - 17 分别是试样外表面和背面温度分布与导热系数大小关系曲线图,皮肤达到二级烧伤时间值与导热系数大小关系如表 5 - 9 所示,模型计算中,分别取导热系数值为 0.06、0.10、0.14 和 0.18W/m·℃,得到不同导热系数的试样隔热

防护性能。

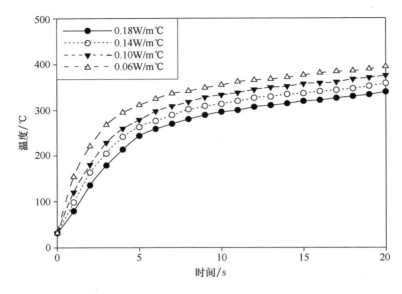

图 5 - 16　导热系数对服装面料试样表面温度值的影响

（空气层厚度：6mm；辐射源温度：600℃）

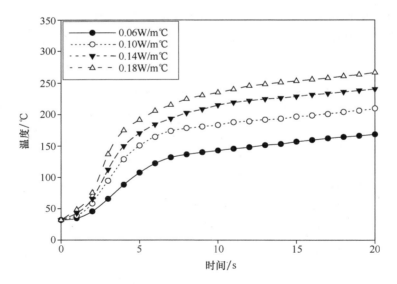

图 5 - 17　导热系数对服装面料试样背面温度值的影响

（空气层厚度：6mm；辐射源温度：600℃）

表5-9　导热系数对"皮肤"达到二级烧伤时间的影响

导热系数(W/m·℃)	二级烧伤时间(s)
0.06	13.9
0.10	11.8
0.14	11.3
0.18	10.9

　　试样表面及背面的温度值都与导热系数值变化有关,而导热系数对试样背面温度的影响较其表面程度大。试样背面温度随着导热系数的增大而增高,而试样表面温度却随导热系数增大而减小,很显然这是由于导热系数增大,热量易从织物表面传到织物背面。表5-9是导热系数对皮肤达到二级烧伤所需时间影响变化关系表,随着试样导热系数增加,皮肤达到二级烧伤时间所需时间缩短,这是由于导热系数增加,织物传递的热量增加,使织物背面温度增加,从而通过织物试样传递到"皮肤"的能量增加,因此导热系数增加,二级烧伤时间缩短。

三、比热

　　分析比热参数对热防护性能影响时,这时导热系数取值与温度变化有关,具体变化函数见导热系数分形理论所述。比热参数值在1000~3900J/kg·℃之间变化,用模型预测分析变化值分别为1000J/kg·℃、1200J/kg·℃、2400J/kg·℃和3600J/kg·℃的面料表面和背面温度以及"皮肤"二级烧伤所需时间,面料表面及背面温度的预测值分别如图5-18和图5-19所示,模型参数值见表5-10。

表5-10　模型方程计算所需参数表(比热容)

模型参数	
辐射源温度	600℃
面料厚度	0.7mm
面料重量	23.50mg/cm²
面料热属性	见表6-4
空气层厚度	6.0mm
计算热暴露时间	20s

　　在整个受热阶段,比热对试样表面及背面温度值的影响较为明显,如图5-18和图5-19所示。在受热前一阶段(15s前),比热不同,织物外表面和背

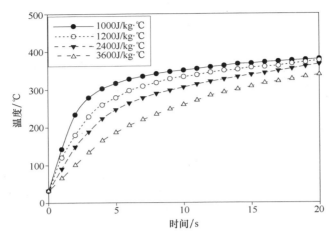

图 5－18　服装面料表面温度预测值与比热变化关系曲线

（空气层厚度：6mm；辐射源温度：600℃）

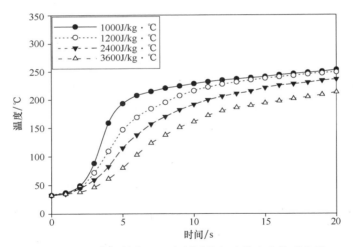

图 5－19　服装面料背面温度预测值与比热变化关系曲线

（空气层厚度：6mm；辐射源温度：600℃）

面温度预测值差别较大，比热值越大，温度越低，反之越高；而在受热后一阶段（15s后），预测温度值差别不明显，基本上趋于一致。比热是物质的热力学属性之一，吸收相等的热量后，质量相同、比热大的物质温度上升慢，因此物质比热大，所预测的温度上升慢。

四、辐射率

把实际物体的辐射率与同温度下黑体辐射率的比值称为实际物体的发射率,习惯上称为黑度。织物的辐射率大小与织物织造方法、后整理、热处理以及化学处理等因素影响的表面结构状态有关,它影响着织物与皮肤之间的传递热量值,特别是在高温环境下,辐射换热是主要的传热机制,其影响程度更深。前面在对模型进行数值计算时,Metamax®织物(M1)表面辐射率取固定值0.9,为了比较不同辐射率的织物试样隔热防护性能,模型中取辐射率参数值为0.2、0.4、0.6、0.8 和 1 分别预测皮肤达到二级烧伤时间,如图 5 – 20 所示,模型所需参数值见表 5 – 11。

表 5 – 11 模型方程计算所需参数表(辐射率)

模型参数	
辐射源温度	600℃
面料厚度	0.7mm
面料重量	23.70mg/cm²
面料热属性	见表6 – 4
空气层厚度	6.0mm
计算热暴露时间	20s

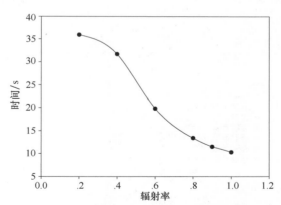

图 5 – 20 辐射率与"皮肤"二级烧伤时间关系曲线

(空气层厚度:6mm;辐射源温度:600℃)

织物和皮肤之间的传热机制主要以辐射换热为主,因此我们可以近似的认为它们之间换热量与试样的辐射率成正比,若试样的辐射率低,传递的热量少,因而皮肤达二级烧伤时间长。一般对织物涂层铝等一些金属材料以达到减小织物表面的辐射率,从而可以使织物的热防护性增强。

五、透射率

本章节的理论模型中引入了透射系数 τ,以更好地表征面料吸收辐射能量的衰减程度,面料的种类不同,其透射系数也不相同。在简化模型方程时,曾采用了面料的光学属性参数——透射系数 τ 来衡量织物的吸收透射辐射能量的能力,织物透射系数 τ 与织物消光系数 α 符合式(5-18)所表达的关系式。为了比较透射系数对织物隔热防护性能的影响,我们取透射系数为 0.001、0.1、0.2、0.3、0.4 和 0.5,6 个值,分别计算不同透射系数下织物的隔热防护特性,表 5-12 是解模型方程时所必需的参数值,图 5-21 是织物热防护性能与其辐射透射系数的关系曲线图,6 个预测值大小基本上相等,也就是透射系数大小对织物隔热防护性能影响不明显,这是由于模型建立的前提条件之一是认为辐射能量不能穿透过织物,仅入射到织物内部一定距离就衰减完。

表 5-12 模型方程计算所需参数表(透射系数)

模型参数	
辐射源温度	600℃
面料厚度	0.7mm
面料重量	23.70mg/cm²
面料热属性	见表 6-4
空气层厚度	6.0mm
计算热暴露时间	20s

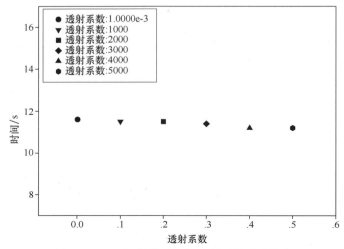

图 5-21　二级烧伤时间与透射系数关系曲线

第七节　本章小结

　　本章运用有限差分法的完全隐式格式离散差分方程,以此编写 VB 程序计算"服装—空气层—皮肤"温度分布。运用织物热防护性能测试装置分别测量了面料及皮肤模拟器表面的温度随时间变化关系,并将测量结果与模拟计算结果进行了比较,检验了模型预测精度,预测值和实测值之间的偏差小于 10%,结果表明:无论是 M1 还是 P1 试样,其面料与模拟器温度测量值与预测值均有良好的吻合。通过对模型参数分析研究表明面料性能参数值不同对服装热防护性能影响程度不同。所得结论如下:

　　(1)面料试样表面温度随其厚度增加而增加,而试样背面温度却随其厚度的增加而减小。

　　(2)试样表面温度随着导热系数的增大而减小,而试样背面温度却随导热系数的增大而增大。

　　(3)比热对试样表面及背面温度值的影响较为明显,但影响的趋势一致。

　　(4)试样的辐射率低,吸收的热量少,其背面温度低,层下皮肤达到二级烧伤的时间延长。

　　(5)面料透射系数对服装热防护性能的影响不明显。

参考文献

[163]David A. Torvi . Heat Transfer in Thin Fibrous Materials under High Heat Flux [J]. Doctor Thesis. Unveristy of Alberta,Edmondon,CA. 1997.

[164]Song G. W. Model Thermal Protection Outfits for Fire Exposures[J]. Doctor Thesis,North Carolina State University,Raleigh,North Carolina State,USA. 2002.

[165]William E. Mell and J. Randall Lawson. A Heat Transfer Model for Firefighters' Protective Clothing[J]. *Fire Technology*,2000,36(1):39 - 68.

[166]刘丽英 . 人体微气候热湿传递数值模拟及着装人体舒适感觉模型的建立 [D]. 上海:东华大学,2003.

[167]R. Mcgregor. Diffusion and Sorption in Fibers and Films[M]. London and New York. Academic Press,1970,pp. 19 - 36.

[168]郭英奎等 . (相变)复合材料瞬态导热性能的简化计算方法[J]. 太阳能学

报 . 2001，1，pp. 40 – 45.

[169]Chatfield，D. A. ，Einhor，I. N，Mickelson，R. W. ，and J. H. Futrell. Analysis of the Products of Thermal Decomposition of an Aromatic Polyamide Fabric[J]. *Journal of Polymer Science*，1979，17，pp. 1367 – 1381.

[170]Brown，J. R. ，and Ennis，B. C. Thermal Analysis of Nomex and Kelvar Fibers [J]. *Textile Research Journal.* 1977，47，pp. 62 – 66.

[171]Farnworth，B. Mechanisms of Heat Flow through Clothing Insulations [J]. *Textile Research Journal.* 1983，53，pp. 717 – 725.

[172]Stuart，I. M. and Holcombe，B. V. Heat Flow through Fiber Beds by Radiation with Shading and Conduction[J]. *Textile Research Journal.* 1984，54，pp. 149 – 157.

[173]李磐，万志琴 . 织物防辐射热性能的研究[J]. 西北纺织工学院学报，1991，2，pp. 126 – 137.

[174]Hottel，H. C. ，and Sarofim，A. F. Radiative Transfer[M]. Mcgraw – Hill Book Company，New York，1967.

[175]Chen，N. Y. ，Transient Heat and Moisture Transfer through Thermally Irradiated Cloth[D]. PhD Thesis，Massachusetts Institute of Technology，Cambridge Massachusetts，1959.

[176]Danielsson，U. Convection Coefficients in Clothing Air Layers[D]. Doctoral Thesis，Department of Energy Technology，Division of Heating and Ventilation，The Royal Institute of Technology，Stockholm，Sweden，1993.

[177]Rees，W. H. The Transmission of Heat through Textile Fabrics[J]. *The Journal of the Textile Institute*，1941，32，pp. 149 – 166.

[178]杨世铭，陶文铨 . 传热学[M]. 北京:高等教育出版社，1998.

[179]Catton，I. Natural Convection in Enclosures[C]. Proceedings，6th international Heat Transfer Conference，1978，6，pp. 13 – 31.

[180]D. A. Torvi and J. D. Dale，A Finite Element Model of Skin Subjected to a Flash Fire[J]，*ASME J. Biomech.* Eng. 1994，116，pp. 250 – 255.

[181]Shalev，I. Transient Thermophysical Properties of Thermally Degrading Fabrics and Their Effect on Thermal Protection[D]. Ph. D. Thesis，North Carolina State University，Raleigh，North Carolina，1984.

[182]D. A. Torvi. Heat Transfer in Thin Fibrous Materials under High Heat Flux Conditions[D]. Doctoral Dissertation，University of Alberta，Edmonton，1997.

［183］Schoppee，M. M. Welsford，J. M. and Abbott，N. J. Resistance of Navy Outerwear Garments and Fire – Resistant Fabrics to Extreme Heat［R］. Technical Report No. 153，Navy Clothing and Textile Research Facility，Natick，Massachusetts，1983.

［184］Freeston. W. D.，Flammability and Heat Transfer Characteristics of Cotton，Nomex and PBI Fabric［J］. *Journal Fire and Flammability*，1971，Vol. 2，Jan，pp. 57 – 76.

［185］Backer. S.，Tesoro，G. C.，and Toong，T. Y.，Textile Fabric Flammability［M］. MIT Press，Cambridge，MA，1976.

［186］Patankar，S. V. Numerical Heat Transfer and Fluid Flow［M］. Taylor & Francis，1980.

［187］陆金甫，关治. 偏微分方程的数值解法［M］. 北京:清华大学出版社.

［188］李德元. 关于解一维抛物线方程组的差分格式［J］. 计算数学. 1982，4（1），80 – 92.

［189］周毓麟. 拟线性抛物线方程组第一边界条件问题的有限差分方法［J］. 中国科学（A 辑）. 1985，3，pp. 206 – 220.

［190］Tannehill J. C.，Anderson D. A. and Pletcher R. H. *Computational Fluid Mechanics and Heat Transfer*［M］. 2nd Ed，Taylor & Francis，1997.

［191］胡峪，刘静. VC + + 高级编程技巧与示例［M］. 西安:西安电子科技大学出版社. 2001.

［192］庄楚强，吴亚森编. 应用数理统计基础［M］. 广州:华南理工大学出版社. 1991.

［193］Marcelo M. Hirschler. Analysis ofThermal Performance of Two Fabrics Intended for Use as Protective Clothing［J］. *Fire and Materials*，21，pp. 115 – 121.

［194］Baitinger，W. F.，and Konopasek，L. Thermal Insulative Performance of Single – Layer and Multiple – Layer Fabric Assemblies. Performance of Protective Clothing［P］. ASTM STP 900，R. L. Barker and G. C. Coletta，eds.，American Society for Testing and Materials，West Conshohocken，PA，1986，pp. 421 – 437.

第六章　应用于热防护服的复合膜织物

热防护服是为了保护火焰(对流热);接触热;辐射热;火花和熔融金属喷射物、高温气体和热蒸汽、电弧所产生的高热等热灾害环境下的作业人员免受伤害的个体防护装备。目前国内外常用的热防护服自外向内的结构是:阻燃外层织物、汽障层织物、隔热层织物以及舒适层织物。热防护服整体的透湿及隔绝性能则由构成汽障层织物的防水透湿复合膜来决定的。可见,防水透湿膜性能的好坏对热防护服整体性能的影响很大。

第一节　复合膜的研究现状及在热防护服上的应用现状

一、复合膜的研究现状

在实际应用中,微孔膜与无孔亲水膜各有利弊。在服用过程中,通常将二者结合成复合膜,既防水透湿又不易堵塞微孔。

专利 CN1785656A[197]公开了制备 PTFE – PU 复合膜的溶剂挥发法。溶剂挥发法指的是将 PU 及相关添加剂溶于有机溶剂制成涂层溶液,在 PTFE 膜上涂覆涂层溶液,加热烘干待溶剂挥发完全,PU 黏附于 PTFE 膜上,形成 PTFE – PU 复合膜。溶剂挥发法是目前使用最广泛的复合方法,其优点是工艺简单,成本低廉,缺点是有机溶剂有毒。

专利 CN1291828C[198]公开了一种制备 PTFE – PU 复合膜的共拉伸方法,共拉伸法是指在一定压力下,在 PTFE 基带上刮涂或挤出熔涂热塑性聚氨酯溶液,然后在一定温度下进行共同拉伸,经热定型后制成 PTFE – PU 复合膜。与溶剂挥发法制成的复合膜相比,洗涤后整体织物的耐水压变化很小。共同拉伸法的优点是复合膜厚度可控,无毒性;缺点是工序比较复杂,制备的微孔不均匀,因此此方法仍处于实验状态。该专利提供的这种复合膜的制备方法,实际操作中经常出现聚氨酯和聚四氟乙烯基带黏合性差,复合膜的黏合牢度降低的现象。

专利 CN1566204A[199]公开了一种制备透湿型病毒阻隔聚四氟乙烯复合膜的相转移法,相转移法指采用聚四氟乙烯双向拉伸微孔膜附着在离型纸或织物上,使用涂层机将透湿型聚氨酯或嵌段聚醚酯溶液均匀地涂覆在聚四氟乙烯微孔膜上,然后在一定温度下烘干,最后剥离制成一面亲水一面憎水的复合膜。此方法已有工业化生产,不足之处是两层膜很容易分层且加工成本较高。该方法制备的复合膜具有良好的病毒阻隔性,但其使用的溶剂和稀释剂污染环境,其中二甲基甲酰胺、丁酮易透过聚四氟乙烯使织物上的染料剥色。

热熔压片法是指将聚氨酯溶液涂覆在离型纸上,再将经双向拉伸的聚四氟乙烯微孔膜与涂覆有聚氨酯溶液的离型纸贴合,使用压力设备加压复合,然后烘干,再将离型纸与聚四氟乙烯薄膜剥离,最终获得聚氨酯和聚四氟乙烯双向弹性薄膜。热熔压片法产出的复合膜性能最佳,但是其工序比较复杂,因此此方法也仍处于实验状态。

此外,还有许多成功的案例,如比利时 UCB 公司将 Ucecoat 2000 微孔 PU 涂层和 NPU 亲水涂层结合制成防水透湿雨衣,日本东丽(Tomy)公司开发的 Entrant GII 系两种聚氨酯材料复合而成,内层聚氨酯含微孔和超微孔,利用类似于"芯吸"的作用达到防水透气效果,美国 3M 公司生产的 Thintech 品牌等。

二、复合膜在热防护服上的应用现状

防水透湿膜通过涂层或层压的方式与面料复合,以防水透湿织物的形式在服装领域广泛应用。以层压技术制备微孔膜防水透湿织物具有明显的技术优势,层压技术一般可分为:焰熔法、热熔法、黏合剂法和压延法,目前应用最广的 PTFE 织物多采用黏合剂法层压工艺。

膜层压防水透湿织物不仅可以作为在民用、医用,最重要是可以用于军用装备,消防服中防水透气层的应用就是一个典型的案例。聚四氟乙烯(PTFE)膜面料是在防护服装领域应用最广泛的一种防水透湿膜织物,该膜织物最著名的商标是美国 W. L. Gore & Associates 公司开发的 Gore – Tex®织物。2004 年,美国杜邦公司为极端作业的消防队员、士兵、警察等专业人员研制一种新型生化防护服。该防护服含有一种 PTFE 选择性渗透膜,不仅能透汗、防热,而且还可有效防护有毒物质和生物成分的侵入。

选择性透气式防护服的关键在于选择性渗透膜材料的研究,目前很多国家都致力于此。比较而言,我国对防水透湿膜面料的研究起步较晚,其中成绩卓著的机构是中国人民军队总后勤部军需装备研究所。2003 年,中国人民解放军总后勤部军需装备研究所研制的聚四氯乙烯防水透湿层压织物、军事医学科学院微生物流行病研究所研制的透湿性 TPU（热塑性聚氨酯）复合涂层面料在防"非典"的战役中发挥了极大的作用。公安消防部门研发的九七型消防战斗服面料层是新型的阻燃材料"美它斯"，防水透气层是在布基上覆盖聚四氟乙烯而成，隔热层是由阻热毯组成，舒适层是由普通棉布起绒外粘活性炭构成，这种服装具有良好的防护作用。

　　综观复合膜的研究现状以及在热防护服装上的应用现状，可见复合膜是防水透湿复合膜领域的一个研究重点。近些年来，防水透湿织物不断地应用发展，对材料的材质提出了更新换代的需求。在设计研发新一代消防、化学防护服用防水透湿膜复合面料时，应综合考虑防护服的防水透湿等穿着舒适性，同时还应满足对化学品、生物毒气的防护要求，并适用于各种恶劣气候条件。

第二节　自主研发防水透湿复合膜

　　我们选用 TPEE 膜为亲水层，PVDF 为疏水层，利用静电纺丝技术，制备出新型微孔疏水/致密亲水复合膜。与其他微孔膜的制备方法相比，静电纺纳米纤维膜具有比表面积高、孔径尺寸小、孔隙率高、孔径分布均匀和孔连通性好等优点。此外，还可以通过控制电纺丝过程中的相关因素优化纳米纤维膜的孔径结构（如孔径分布、孔隙率和孔联通性）。研究结果表明，电纺丝纳米纤维膜具有较高的水通量，作为防水透湿膜有较广阔的应用前景。PVDF 作为疏水材料具有与 PTFE 相似的性能，但生产难度相对较小，成本低，适合静电纺丝；TPEE 作为防水透湿应用仍属于新兴产业，科技含量高，其优良性能拓展了它在服装领域的潜能。

一、实验

（一）正交试验设计

　　静电纺丝纤维形态受纺丝过程众多因素的影响，本节选取溶液浓度、纺丝电压、溶剂和添加剂添加量、接收距离作为考察因素，各因素分别选取四个水平（表 6-1），通过预测实验确定边界值，进而确定各个因素的水平，选用 $L_{16}(4^5)$ 正交分析表（表 6-4），以 PVDF/ACM/DMAc/丙酮体系，经静电纺丝以及后处理制备防水透湿 PVDF/TPEE 复合膜，通过对复合膜结构形貌的观察，考察各因素水平对复合膜影响的显著水平。

表6-1是正交试验设计的因素水平表。

表6-1 因素水平表

水平	A	B	C	D	E
Ⅰ	11	6	1:1	0.2	12
Ⅱ	13	8	3:2	0.3	14
Ⅲ	15	10	7:3	0.4	16
Ⅳ	17	12	4:1	0.5	18

注 A表示PVDF质量浓度,%;B表示电压,kv;C表示溶剂DMAc:丙酮的体积比;D表示交联剂ACM的添加量,g/50ml;E表示接收距离,cm。

(二)材料与试剂

制膜所需的材料和试剂的规格、来源如表6-2所示,膜的制备所用实验设备如表6-3所示。

表6-2 实验材料及试剂的型号和来源

名称	型号	生产厂家
热塑性聚酯弹性体TPEE膜	15μm厚	佛山佛塑科技集团股份有限公司
聚偏氟乙烯PVDF	460-NC	美国苏威
聚丙烯酸酯橡胶ACM	AR-100	四川遂宁青龙丙烯酸酯橡胶厂
N,N-二甲基乙酰胺DMAc	AR	广东广华科技有限公司
丙酮	AR	天津富宇

表6-3 实验设备一览表

名称	型号	生产厂家
直流高压发生器	BGG	北京市机电研究院高电压技术公司
注射泵	JZB-1800单道	长沙健源医疗有限公司
水浴锅	HH-6S	上海唐河实业发展有限公司
电动搅拌器	D205W	上海梅颖浦仪器有限公司
注射器	50ml 22G	—

名称	型号	生产厂家
针头	内径 0.41mm 外径 0.72mm	—
电子天平	JA303	上海台衡仪器仪表有限公司

注 "—"为市售耗材

(三)复合膜的制备

按照正交表(表6-4)设定的各因素(浓度、溶剂、添加剂的量)水平配制溶液,80℃水浴加热搅拌,直至形成均一稳定的混合液。以 TPEE 膜为接收膜,1.0ml/h 的推进速度,依照正交实验表设定的调整电压、接收距离制备各组电纺纤维膜。纺丝温度为 30℃ ±3℃ 左右,相对湿度 50% ~60% 纺丝。为提升复合膜的结合强力,待制备好的复合膜完全干燥后,对复合膜进行简单的热压处理。

电纺丝基本装置如图6-1所示,主要由高压静电发生部分、溶液注射部分、接收部分几个主要部分组成。

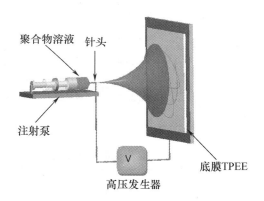

聚合物溶液　针头

注射泵

V

高压发生器

底膜TPEE

图6-1　实验装置示意图

(四)复合膜的表征

将待测试样经表面喷金后用扫描电子显微镜(SEM Ι 日本电子 6390LV)观察其表面及截面形态。用 Adobe Photoshop 软件对样品的 SEM 照片进行分析,随机测量照片不同位置的纤维直径,测量不少于 50 次并计算平均直径。

二、结果与讨论

（一）复合膜的形貌

图 6 - 2 为 16 组正交实验复合膜的 SEM 图,编号与试验号一一对应。

表 6 - 4 为正交表 L16(45)给出 16 组实验所得膜纤维的平均直径。

表 6 - 4　正交实验表

实验编号	A	B	C	D	E	纤维直径(nm)
1	Ⅰ	Ⅰ	Ⅰ	Ⅰ	Ⅰ	0
2	Ⅰ	Ⅱ	Ⅱ	Ⅱ	Ⅱ	2525
3	Ⅰ	Ⅲ	Ⅲ	Ⅲ	Ⅲ	0
4	Ⅰ	Ⅳ	Ⅳ	Ⅳ	Ⅳ	0
5	Ⅱ	Ⅰ	Ⅱ	Ⅲ	Ⅳ	4350
6	Ⅱ	Ⅱ	Ⅰ	Ⅳ	Ⅲ	1800
7	Ⅱ	Ⅲ	Ⅳ	Ⅰ	Ⅱ	2050
8	Ⅱ	Ⅳ	Ⅲ	Ⅱ	Ⅰ	2800
9	Ⅲ	Ⅰ	Ⅲ	Ⅳ	Ⅱ	1250
10	Ⅲ	Ⅱ	Ⅳ	Ⅲ	Ⅰ	4917
11	Ⅲ	Ⅲ	Ⅰ	Ⅱ	Ⅳ	2875
12	Ⅲ	Ⅳ	Ⅱ	Ⅰ	Ⅲ	2000
13	Ⅳ	Ⅰ	Ⅳ	Ⅱ	Ⅲ	2875
14	Ⅳ	Ⅱ	Ⅲ	Ⅰ	Ⅳ	1500
15	Ⅳ	Ⅲ	Ⅱ	Ⅳ	Ⅰ	3375
16	Ⅳ	Ⅳ	Ⅰ	Ⅲ	Ⅱ	3100

根据正交试验设计表,制备的膜纤维直径如表 6 - 4 所示。从图 6 - 2 可以清晰地看出,正交表设计的因素水平,得到 16 组差异较大的纤维膜,可以得到单根纤维均匀、平滑、无液滴,整体孔隙均匀的纤维膜(试验号 9),但同时也存在纤维直径为 0 的情况。低浓度溶液制备的电纺膜纤维中,直径为 0 的情况较为普遍(试验号 1、3、4),聚合物浓度低,溶液黏度小,不能形成稳定的流体,液流表面张力过小,在静电场中易形成液珠或珠丝,经后期热压作用,液滴熔融粘连,呈现出片状带孔的薄膜,浓度增大,溶剂来不及挥发,在接收端形成湿而粘连的纤维膜(试验号 2、6)。由液流固化成纤维的过程中溶剂挥发过快,在纤维表面留下凹凸痕迹,浓度大纤维直径较大,出现堆叠状,孔隙较小(试验号 8、16)。当各试验参数取适当值时,形成粗细均匀、表面光滑、无液滴、串珠,整体孔隙均匀的纤维膜(试验号 9)。

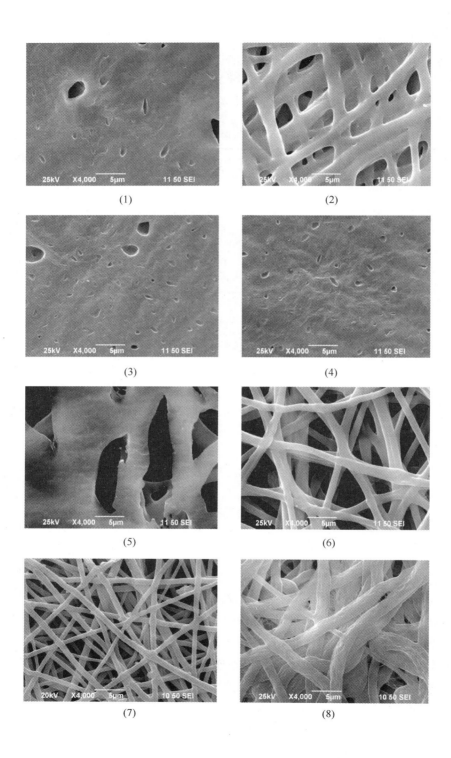

(1)

(2)

(3)

(4)

(5)

(6)

(7)

(8)

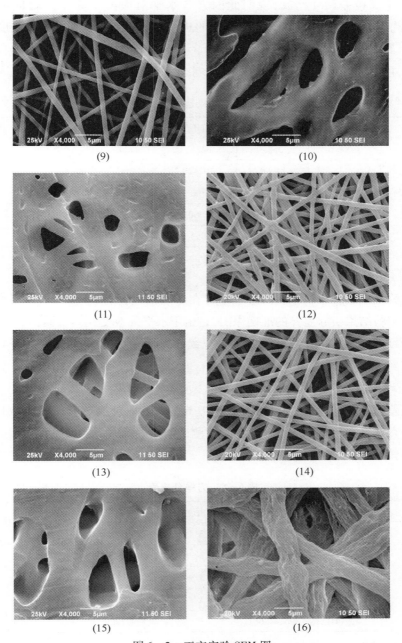

图 6-2 正交实验 SEM 图

(二)极差分析

极差分析法(直观分析法)通过比较极差的大小进而确定各因素对响应影响

的主次关系。极差(R)越大,说明此因素各水平对应的实验结果之间的差异越大,说明此因素为主要因素。纤维直径的极差如表6-5所示,可知浓度对纤维直径影响最大。

因素主次顺序:浓度 > 添加剂 > 溶剂 > 接收距离 > 电压。

表6-5 纤维直径极差表

指标		浓度	电压	溶剂	添加剂	接收距离
纤维直径	K1	2525	8475	7775	5050	11092
	K2	11000	10242	12250	11075	8925
	K3	11042	8300	5050	12367	6675
	K4	10350	10350	9842	6425	8225
	R	8517	2050	7200	7317	4417

(三)方差分析

在试验操作过程或结果测试过程中存在必然误差,而极差分析不能区分某因素水平对应实验结果引起差异的准确原因,是由于水平的改变还是实验误差所导致的,方差分析可以判断多个总体平均数是否一致,因此采用方差分析法来弥补极差分析法的不足。

对于无空列的正交试验做方差分析时,通常可以把因素离差平方和明显偏小的列作为误差列来处理,用离差平方和表征差异的优点是能充分利用测得数据所提供的信息。离差平方和是单次测试值与平均测试值之差的平方和,该值越大,表明测试值之间差异越大。

表6-6 方差分析表

指标	方差来源	偏差平方和	自由度	均方	F	显著性
纤维直径	A	1.291E7	3	4302055.562	16.008	* * *
	C	7020341.688	3	2340113.896	8.707	
	D	9395554.187	3	3131851.396	11.654	* *
	E	25523779.187	3	841259.729	3.130	
	误差(B)	806241.687	3	268747.229		

$F_{0.95}(3,3) = 9.55$ $F_{0.99}(3,3) = 29.5$ $F_{0.975}(3,3) = 15.44$

由此可见,方差分析所得结论与极差分析是一致的,即聚合物溶液浓度对电纺纤维膜的直径有显著的影响,添加剂的添加量对纤维的直径有较为显著的影响。

（四）优选方案分析

根据正交实验分析结果，极差最大的一组是 A3B4C2D3E1，该方案与第 10 号试验比较接近，在第 10 号试验中浓度、添加剂的量都是极差最大的水平，从实际结果可以看出，第 10 号试验中的纤维直径是 16 次试验中最大的，这也说明正交实验是有效的，是符合实际的。试验目的是获得较细的纤维，最优试验方案应选择极差最小的一组，即：A1B3C3D1E3，然而，实验结果表明，极差最小的一组，直径为 0 的情况较为普遍。为了优选方案的可靠性和重现性，进一步优选方案为：A3B1C3D4E2，即溶液浓度为 15%、电压为 6kV、溶剂 DMAc∶丙酮＝7∶3（体积比）、添加剂的添加量为 0.4g/50ml、接收距离为 14cm、溶液流速为 1.0mL/h。

第三节 电阻法模拟膜透湿机理

为保持服装舒适性，复合膜在服用过程中要能够使人体散发的汗液能以水蒸汽的形式通过膜传到外界，避免汗液集聚冷凝在体表与膜面料之间。研究复合膜的传质机理，在复合膜的应用发展中起着非常重要的作用。国内外许多学者对单层膜参数及复合膜的透湿机理进行了大量的理论研究和实验测试。

梅森（Mason）等对多孔膜内传质现象进行了数学和物理上的描述，并提出了多孔膜传递的 DGM 模型（Dusty–gas model），该模型至今仍被广泛应用于多孔膜的传质研究。孔（Kong）等研究了多孔膜的孔径分布，对气体透过多孔膜的实验数据分别采用标准正态分布和对数正态分布进行了回归分析并根据所得参数进行了预测，结果表明这两种分布所得参数均与实验数据吻合较好。马丁内斯（Martinez）等人利用 DGM 模型对膜参数对膜传质特性的影响进行了理论和实验上的研究。闵（Min）等人基于孔流模型，以实验数据及薄膜的微观结构为基础，研究了水分通过微孔膜的传输过程，分析了膜结构对膜透湿的影响。

1855 年，费克（Fick）提出了著名的 Fick 扩散定律式（Fick's Law），即在稳态条件下，通过材料单位面积的扩散通量与单位时间内通过垂直与扩散方向的浓度梯度成正比，浓度梯度越大，扩散通量越大。1972 年，朗斯代尔（Lonsdale）和泊代尔（Podall）提出"溶解—扩散"模型，该模型假设理想膜在溶液高浓度侧，溶剂和溶质先溶于膜中，在浓度差的推动下，扩散到另一侧，溶质和溶剂在膜内的扩散服从 Fick 定律。1942 年，弗洛里和（Flory）和哈金斯（Huggins）从高分子溶液的溶液出发，借助于金属的晶格模型，用统计热力学方法，推导出了高分子溶液的混合熵，混合热和混合自由能的数学表达式。

1956 年,齐姆(Zimm)和伦德伯格(Lundberg)提出集群理论,认为水分子被吸收的方式不是以单个水分子的形式,而是以一种集群的方式。布朗(Brown)结合 Flory – Huggins 和 Zimm – Lundberg 两种方法,建立了吸附等温曲线,提出一个反映焓平衡的参数 χ,该参数表征了不同聚合物链段吸水的差异性。Alexander Stroeks 等人以 Zimm – Lundberg 的集群理论和 Henry 定律对两种亲水膜的吸湿等温曲线进行分析,得到反映膜亲水性能的参数 χ,并通过实验测试了两种膜的传质性能。

20 世纪 70 年代末,亨尼斯(Henis)和特里波迪(Tripodi)提出来复合膜"电阻模型"的概念。随后,有许多学者不断完善了这一模型。贺高红等人提出了改进的 Henis 模型,更深入地探讨了涂层嵌入致密层的深度对复合膜气体渗透行为的影响。Fubing Peng 等人基于 Henis 电阻模型以及边界层理论,对 PDMS/PS 复合膜的气体分离过程进行了分析。

本章节利用电阻模型和边界层理论,对 TPEE/PVDF 复合膜传质透湿过程进行了理论分析,得到了计算透湿量和湿阻的计算公式。采用三步法对 TPEE 膜和 TPEE/PVDF 复合膜的传质通量进行测试,并通过回归的方法对实验数据进行了处理,得到 TPEE/PVDF 复合膜的结构参数及其对膜透湿能力的影响。

一、建立理论模型
(一)电阻模型

亲水无孔—疏水微孔复合膜透湿阻力结构如图 6 – 3 所示,总阻力由几部分串联而成:边界层阻力(上 + 下);复合膜阻力(亲水膜 + 微孔膜 + 嵌入层),本章节假设无嵌入层。

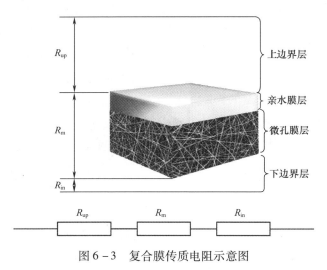

图 6 – 3 复合膜传质电阻示意图

（二）亲水膜

无孔亲水膜透湿能力依赖于膜内的亲水基团。首先,在高浓度侧的膜表面水分子以薄膜上亲水性的链段为阶梯石,在高浓度侧发生吸附,然后水蒸汽在势差的推动下由膜的一侧扩散到另一侧,最后在低浓度侧脱离膜表面,无孔膜的透湿过程符合溶解—扩散模型。

对于水蒸汽在空气层及膜内的传递过程,根据 Fick 定律可以得到通量的表达式为:

$$WVT = D\frac{\Delta c}{\delta} \qquad (6-1)$$

式中:WVT——传质通量;

$\quad\quad D$——水蒸汽扩散系数;

$\quad\quad \Delta c$——水蒸汽浓度差;

$\quad\quad \delta$——等效厚度。

根据 Henry 定律,吸附水的量和空气相对湿度存在如下关系,其中参数 χ 反映了链段和水结合的焓值,该值越大,表示聚合物与水的亲和力越好。

$$\theta = \frac{\phi}{e^{X+1}} \qquad (6-2)$$

式中:θ——吸收水的量,s/cm;

$\quad\quad \phi$——空气相对湿度,s/cm。

空气相对湿度 ϕ、绝对湿度 w 和温度 T 之间的关联式:

$$\frac{\phi}{w} = \frac{e^{5294/T}}{10^6} - 1.61\phi \qquad (6-3)$$

在温度 0～50℃范围内,等式右侧第二部分可以忽略,(6-4)式可记为:

$$\frac{\phi}{w} = \frac{e^{5294/T}}{10^6} \qquad (6-4)$$

而水蒸汽组分浓度 c 与绝对湿度 w 间存在如下关系:

$$c = \rho_a w \qquad (6-5)$$

式中,ρ_a 为空气密度,1.29kg/m³。

将公式(6-4)和公式(6-5)代入公式(6-1)整理得:

$$WVT = 10^6 D \frac{\rho_a}{e^{5294/T}} \frac{\Delta\phi}{\delta} \qquad (6-6)$$

结合实验结果和理论模型,分析 TPEE 膜的传质特性。

(三) 微孔传质

通常意义上认为多孔膜的孔径是均匀分布的,而在实际生产过程中,很难达到这一要求,因此一般认为膜的孔径分布服从正态分布:

$$f(r) = \frac{1}{\sqrt{2\pi r}\sigma}\exp\left[-\frac{(1-r/\bar{r})^2}{2\sigma^2}\right] \qquad (6-7)$$

其中,$f(r)$ 为概率密度函数;r 为孔径,$\bar{r}$ 为平均孔径;σ 为孔径的无量纲标准差。其中,r_m 和 σ 的值决定了孔径的分布。

单位面积孔的数量 N 和孔隙率存在如下关系式:

$$\varepsilon = N\int_0^{r_{max}} f(r)\pi r^2 dr \qquad (6-8)$$

根据气体动力学理论,Knudsen 数对于气体通过多孔膜介质的机理有重大影响。根据 Kn 数的不同,水蒸汽分子通过多孔介质的机理主要有以下三种,如图 6-4 所示。

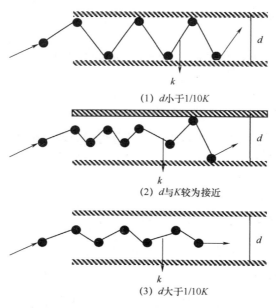

(1) d 小于 $1/10K$

(2) d 与 K 较为接近

(3) d 大于 $1/10K$

图 6-4 水蒸汽分子在孔道传递的过程

图 6 - 4(a)所示,微孔膜的平均孔径 d 小于 $1/10K$(K 为水蒸汽分子平均自由程),孔径较小,水蒸汽分子通过通道时,与孔壁的碰撞机会增加,这时的碰撞较多的发生在水蒸气分子与孔壁之间;相反,水蒸汽分子之间的碰撞可以忽略,该类扩散被称为努森(Knudsen)扩散。

图 6 - 4(b)所示,微孔膜的平均孔径 d 与水蒸汽分子平均自由程 K 较为接近,对于这时通过孔道的水蒸汽分子而言,相互之间的碰撞和分子与孔壁之间的碰撞机会相差不大,此时,气体通过膜的机理为黏性(Poisseuille)流动。

图 6 - 4(c)所示,微孔膜的平均孔径 d 大于 $100K$,当存在浓度差、温差或者其他的驱动力时,在驱动力的作用下会形成分子扩散(Molecule diffusion),而在一般的换湿过程中,孔隙直径大,水蒸汽分子通过通道时,与孔壁的碰撞机会较少,碰撞较多的发生在水蒸汽分子之间,该类扩散遵循费克定律。

DGM 模型(Dusty - gas model)认为,Knudsen 扩散阻力与 Molecule 扩散阻力符合串联关系,而 Poisseuille 流阻力则与它们呈并联关系。在总压力恒定的情况下,可以忽略 Poisseuille 流动,在本章节的膜透湿实验过程中,可认为压力恒定不变,膜的湿阻可定义为:

$$R_m = \frac{\rho_a \delta \tau}{\varepsilon P_0} \frac{\int_0^{r_{max}} g(r) r^2 dr}{\int_0^{r_{max}} g(r) [(D_k^{-1} + D_m^{-1})^{-1}] r^2 dr} \frac{M_v}{M_a} \tag{6-9}$$

其中,D_k 和 D_m 分别为努森扩散系数和分子扩散系数,表达式分别为式(6 - 10)和式(6 - 11):

$$D_k = \frac{2}{3} r \sqrt{\frac{8M_w}{\pi RT}} \tag{6-10}$$

$$D_{va} = \frac{C_a T^{1.75}}{\bar{P}(\nu_v^{1/3} + \nu_a^{1/3})^2} \sqrt{\frac{1}{M_w} + \frac{1}{M_a}} \frac{M_w}{RT} \tag{6-11}$$

其中,Q_w 为水蒸汽分子扩散流量,Q_a 为空气分子扩散流量,水蒸汽在空气中的扩散系数为:$C_a = 3.2 \times 10^{-4}$ 为常数,ν_v 和 ν_a 水蒸汽和空气的分子扩散体积,分别为 12.7 和 20.1,M_a 为空气的摩尔质量。

二、实验验证

薄膜两侧的水蒸汽浓度梯度是膜透湿的驱动力,将膜透湿过程近似视为一维传质过程,总传质阻力由三个部分阻力串联得到,分别是膜上表面空气流动层的湿阻、膜本身的湿阻以及膜与水面之间的空气隔层湿阻。

整个装置湿阻为:

$$R_t = R_{up} + R_m + R_{in} \qquad (6-12)$$

式中:R_t——整个装置的湿阻;

R_{up}——膜上表面空气流动层的湿阻;

R_m——膜本身湿阻;

R_{in}——膜下表面与液面之间的空气隔层湿阻。

要获得膜本身的湿阻,要去除膜两侧空气层的湿阻值,膜本身的湿阻可由式(6-13)计算得到:

$$R_m = R_t - R_{up} - R_{in} = R_t - R_{up} - \frac{L_a}{D'_{va}} \qquad (6-13)$$

式中:L_a——空气隔层厚度;

D'_{va}——空气隔层等效扩散系数。

膜湿扩散系数按公式(6-14)计算:

$$D'_{vm} = \frac{\delta}{R_m} \qquad (6-14)$$

式中,D'_{vm}为水蒸汽在膜内的湿扩散系数。

在实际测试过程中,必须避免膜被水润湿以防影响测试结果。因此,本章节通过设定杯内不同的液面高度,即在不同的空气层厚度 L_a 值下分别测试膜的透湿量,然后通过多点回归的方法,得到不同空气层厚度和该厚度下湿阻的回归方程和回归曲线,并根据该回归曲线得到空气隔层等效湿汽扩散系数 D'_{va}。

为获得膜本身的湿阻,还要去除膜上表面空气层的湿阻值,具体方法就是测量水位处于被测膜位置时外空气层的湿阻,保持相同测试条件,测得其湿阻值。

整个装置湿阻及膜上表面流动层湿阻分别由公式(6-15)计算得到:

$$R(23℃) = 6998.4WVT \qquad (6-15)$$

膜通量按公式(6-16)计算:

$$WVT = G/T \cdot A \qquad (6-16)$$

式中:WVT——膜通量;

　　G——增重;

　　t——测试时间;

　　A——测试面积。

结果换算成 $g/h \cdot m^2$ 。

(一)实验材料

选择第二节制备的 TPEE/PVDF 复合膜和 TPEE 膜为实验对象,厚度分别为 60μm 和 15μm,复合膜的微孔膜层孔隙率为80%。

(二)实验方法

测试在 HWS 智能型恒温恒湿培养箱内进行,培养箱的温度设定为(23±0.5)℃,相对湿度为(50±2)%,风速为(2.8±0.25)m/s。

在整个透湿传质的过程中,总扩散阻抗包括膜下表面与液面间空气层内的扩散阻力、膜内扩散阻力和膜上表面对流扩散阻力三部分。因此,为了将各部分阻抗从总阻力里提取出来,可将实验分为三个部分进行。

第一部分实验不使用膜,向高 11.5cm、内径 6.4cm 的透湿杯中装满水,使液体直接与外部环境发生对流扩散。这部分实验主要是为了获得水蒸汽在膜上表面与外部环境对流扩散湿阻的大小。

第二部分实验,通过改变液面高度,测量不同液面高度下水蒸汽的透湿量,建立有效的回归方程,可以计算出水蒸汽在空气隔层的等效扩散系数。测试时,向高 11.5cm、内径 6.4cm 的透湿杯内分别注入 2cm、4cm、6cm、8cm 高度的蒸馏水,将膜固定在透湿杯上,测试面向下放置。每个杯子在感量为 0.001g 的天平上称重,记录各个杯重,然后放入测试箱并定时。24h 后进行第二次称量,并计算各个高度对应整个装置的透湿量和湿阻。这一过程主要是为了获得有膜实验中水蒸汽在液面与膜下表面间空气层中的等效扩散系数。

第三部分实验是为了获得整个装置的湿阻。第三部分实验与第二部分实验类似,不同的是,参照 ASTM E96 方法 B 的规定,测量液面高度为 8cm 时的透湿量,计算整个装置的湿阻,装置示意图如图6-5所示。

图6-5　透湿装置示意图

三、实验结果与分析

(一)各部分湿阻的确定

以空气层厚度为自变量对湿阻进行多点回归统计,分别得到两种试样的回归曲线,如图6-6所示。三种试样回归方程的相关系数 R^2 都大于0.8,表明回归方程有效。由图可知空气层厚度与湿阻存在一种线性关系,水蒸汽在空气层内的等效湿扩散系数 D'_{va} 可以通过计算直线的斜率来获得。

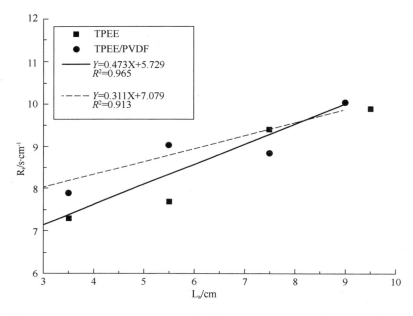

图6-6　湿阻—空气层厚度回归曲线

根据公式(6-15)计算得到无试样时水蒸汽扩散阻抗,即试样上表面流动层湿阻 R_{up};同时根据该式可得到试样总湿阻 R_t,根据公式(6-13)计算得到试样下表面空气层湿阻 R_{in} 和试样本身湿阻值 R_m,试样本身的湿阻约占总湿阻的一半以上。试样各部分湿阻值如表6-7所示。

由表可知,TPEE 和 TPEE/PVDF 两种试样空气隔层内的等效湿气扩散系数计算值分别为 2.114×10^{-5}、3.215×10^{-5} m²/s。23℃时水蒸汽在空气中的扩散系数为 2.538×10^{-5} m²/s。由于对传质过程进行了一维假设,而实际水蒸汽并非严格意义的一维扩散,沿扩散方向存在一定的浓度梯度,甚至存在一定程度的自然对流,因此,TPEE/PVDF 膜实验测量得到的等效扩散系数会大于该温度下水蒸汽在空气中的标准扩散系数。

表 6 – 7　试样各部分湿阻值

试样名称	R_t	R_{in}	R_m	R_{up}	D'_{va}	D'_{vm}
TPEE	7.299	1.656	4.095	1.548	2.114×10^{-5}	3.663×10^{-2}
TPEE/PVDF	9.042	1.009	6.485	1.548	3.215×10^{-5}	—

注　"—"表明未计算该值。

(二)亲水膜参数的确定

无孔亲水膜的传质过程如图 6 – 7 所示,透湿杯内液面的相对湿度 Φ_1 为 100%,试样上表面相对湿度,即环境的相对湿度 Φ_2 为 50%,对于透湿杯内空气层上层,即试样下表面相对湿度 Φ_3 是未知的。试样下表面与上表面之间浓度差是水蒸汽通过亲水膜的动力。

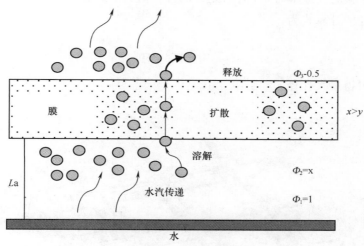

图 6 – 7　亲水膜传质示意图

因此,由公式(6 – 6)可得:

$$WVT_{nm} = 10^6 D'_{vm} \frac{\rho_a}{\delta e^{5294/T}} (\phi_2 - \phi_3) \qquad (6-17)$$

$$WVT_{atm} = 10^6 D'_{va} \frac{\rho_a}{\delta e^{5294/T}} (\phi_1 - \phi_2) \qquad (6-18)$$

根据能量守恒定律可知:

$$WVT_{nm} = WVT_{atm} \qquad (6-19)$$

将式(6-2)代入式(6-17)可得：

$$X = \ln^{\frac{D'_{vm}l\Delta\Phi}{D'_{va}\delta_n\Delta c}} - 1 \qquad (6-20)$$

经计算 ϕ_2 为 65.59%，X 为 8.539。

(三)微孔膜参数的确定

微孔膜是由许多单根纤维随机交替排列形成的，理想模型如图6-8所示，微孔膜的最大孔径与薄膜的纤维与纤维之间的空间距离存在如下关系式：

$$\varepsilon = \frac{\lambda^2}{(\lambda + D)^2} \qquad (6-21)$$

式中，λ 为空间长度；D 为纤维直径，根据第二节的 SEM 图可知，纤维的平均直径为1250nm，薄膜的孔隙率为0.80，因此 λ 的计算值为9.33μm。

最大孔径的计算式为：

$$r_{max} = 2\sqrt{\lambda^2/\pi} \qquad (6-22)$$

经计算可得最大孔径 r_{max} 为 10.53μm。

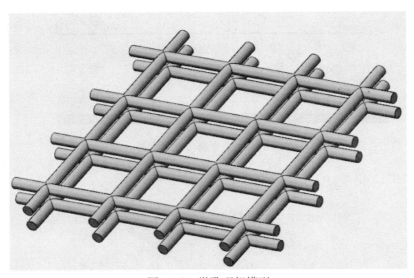

图6-8　微孔理想模型

微孔膜最大孔径及孔隙率前面已经给出，取微孔膜的曲折因子为2，其他参数见表6-8，因此根据公式(6-13)可得复合膜中微孔膜的湿阻为2.674s/cm。

表6-8　微孔膜湿阻模拟参数

参数名称	数值	参数名称	数值
微孔膜厚度 δ	45μm	气体常数 R	8.314J/mol · K
空气摩尔质量 M_a	29g/mol	23℃水蒸汽扩散系数 D_{va}	$2.538 \times 10^{-5} m^2/s$
水蒸汽摩尔质量 M_w	18.02 g/mol	标准大气压 P_0	$1.01 \times 10^5 Pa$

　　微孔防水透湿膜透湿性的主要影响因素是微孔孔径、单位面积孔数、厚度和通道的曲折系数。在稳定扩散状态下，水分通过这些孔道扩散的理论透湿量与通道的厚度成反比，与两侧压差成正比，同时如果空隙通道的弯曲越多，相应扩散体分子与孔壁碰撞的机会也越多，微孔防水透湿织物的传湿阻力也越大，理论透湿量越小；微孔孔径越大，水蒸汽扩散的自由截面积也越大，理论透湿量越大；单位面积孔数越多，理论透湿量也越大。

(四)复合膜透湿的探讨

　　单层亲水膜的 X 值，反映了薄膜亲水的能力，这里假定单层膜复合后仍保持了与水良好的亲和力。因此复合膜的总湿阻值为6.769s/cm，与实验测定的6.485s/cm较接近。充分说明模型能够很好地预测复合膜的湿阻值。

四、小结

　　本节利用正杯三步法测试了无孔亲水膜 TPEE 和亲水—疏水复合膜 TPEE/PVDF 的透湿性，测试结果显示杯内空气层厚度与膜湿阻呈线性关系。以杯内空气层厚度为自变量对湿阻进行多点回归，计算该回归曲线斜率得到杯内空气层中水蒸汽的等效空气扩散系数，进而计算出有空气层存在情况下膜的湿阻。通过计算，得到了采用复合膜中微孔膜的湿阻2.674s/cm，亲水膜的湿阻4.095s/cm。

　　通过深入分析复合膜的透湿传质机理，建立了基于憎水—亲水防水透湿复合膜的电阻计算模型，分析对比模型的计算结果与实验结果发现该电阻模型能较好地反映复合膜的传质特性。

　　亲水膜湿阻约占整个复合膜湿阻的60%，充分显示出选择透湿性能优异的亲水膜对于设计提高无孔—微孔膜的传质性能是有利的，这对制备高品质防水透湿膜具有指导意义。

第四节　自主研发复合膜在热防护服
上的应用可行性分析

本节主要以选用 TPEE 膜为亲水层,PVDF 为疏水层,利用静电纺丝技术制备的新型防水透湿复合膜织物为研究对象,对新型膜面料的热防护、生物阻隔能力进行理论分析及实验验证。

一、热防护性能的探讨

热量有三种基本传递方式:热传导、热对流和热辐射。根据蒸汽的热量传递方式,蒸汽防护服装必须具备的防护功能有防蒸汽透过性能、耐高温性能和隔热性能等。在高温环境下,能够保持服装原有外观形态,并维持内在质量不降低,不发生熔融、收缩和脆化裂化等,能够较好地减缓或组织热量传递,防止蒸汽在自身压力和外部压力作用下,穿透服装的能力。热量一旦进入服装内环境,将直接造成人体伤害。这些性能与服装面料的性能和结构有关。有研究表明,不透汽织物比透汽织物更有利于限制蒸汽的热传递;对透汽织物进行不透汽处理,在外层(靠近外界环境一侧)处理比在里层处理材料的蒸汽防护能力明显增强;不论织物是否透汽,增加厚度均能使透过织物的热流量降低;增加同样厚度,不透汽织物更有利于蒸汽防护。

防水透湿复合膜,亲水膜层为均匀无孔结构,热导率低,有效地限制了蒸汽的传递,内部微孔结构,提供了一个良好的透湿透气通道;复合膜拥有较高的热解温度,高温条件下能保持服装的完整性。

二、阻隔防护性能的探讨

防护服另一重要的用途是用来防止水、有害的化学物质、可能携带有病原体的血液或体液的渗透,因此要求有良好的阻隔性能。对外界有毒液体的阻隔与防水原理类似:一方面,由于 TPEE 无孔结构,不易渗透,由于 TPEE – PVDF 复合膜薄膜织物厚度都大于 $100\mu m$,孔径 $0.2 \sim 0.3\mu m$,即便是直径最小的液态水(轻雾)也不能透过。另一方面,大量液体溅射及液体渗透与耐水压一致,在水压较高时,可用 Laplace 方程求得耐水压性能。在 20℃下,水与薄膜的接触角为 100°,此时 $\cos\theta < 0$,所以 $\theta > 0$。表明此时 PTFE 薄膜微孔可以在一定水柱的压力下,不发生透水现象。

复合膜可以作为选择透过型防护材料,是通过选择性溶解—扩散的机理达到防护的目的。选择性透过膜材料允许水汽等小分子透过,而尺寸较大的有害物质不能透过,防护性能好,能够防御分子较大的液体、气态、气溶胶以及固体等状态的有害物质,平整均匀的无孔亲水膜结构对小分子的有害物质阻隔性有明显的作用,如 SARS 病毒等,此外,吸附和电性能对病毒的截留也有影响,同时该类材料具有较好的透湿性能,穿着舒适性较好。

三、实验验证

(一)热防护性能测试

将厚度为 $126\mu m$ 的 PVDF/TPEE 防水透湿复合膜(制备方法详见第二节),厚度为 $0.89mm$ 的 T-70 水刺毡(Nomax/Kevler)阻燃非织造布平铺,将 TPEE 层与织物相邻,采用热压的方式制备防水透湿复合面料,如图 6-9 所示。

参照 ISO 9151:1995《阻燃隔热防护服 有火源条件下热传导性的测试》对复合膜织物的热防护性能测试,实验采用 FPT-30A 火焰防护性能测试仪。实验时该仪器总热流量为 $84kW/m^2$,采用铜片热流计表面温度上升 $12℃$ 和 $24℃$ 所需要的时间及质量损失作为评价织物热防护性能的指标,测试原理如图 6-10 所示。

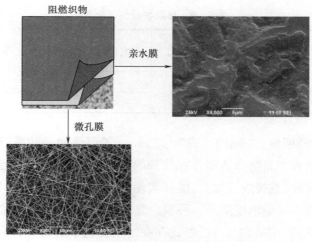

图 6-9　层压织物示意图

(二)实验结果与分析

复合膜面料热防护性能测试结果如表 6-9 所示,燃烧后无熔滴现象,经复合后的面料质量损失下降一半,上升到 $12℃$ 所用时间提升 90%。说明经层压后的膜织物具有良好的热防护性能,应用到热防护服上具有很大的潜力。新型防水透湿复合膜

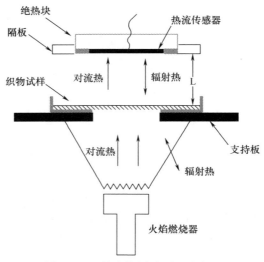

图 6 - 10　热防护测试原理示意图

是由无孔亲水膜与微孔膜的复合,有显著的阻隔功效,一步热压成型,节省时间和成本,将其应用于热防护服,具有较好的热防护效果。

表 6 - 9　热防护性测试结果

试样	上升 12℃时间(s)	上升 24℃时间(s)	质量损失(%)
阻燃非织造布	2.0	3.3	3.0
膜复合面料	3.7	5.0	1.5

　　复合加工的两项核心因素为"膜"与"胶"。透湿性能好的膜,配合优质的黏合胶,才能创造耐久性好且防水透湿性能优异的面料。利用新型静电纺复合膜制备膜面料,突破这一定律,直接进行复合,能够实现多种膜的不同组合。静电纺复合加工以一种膜为基底,直接静电喷纺另一种膜。复合膜层压织物堪称"微/纳米"面料,对于新型防护(防病毒、细菌和气溶胶形式存在的生物化学制剂等)面料的开发同样存在巨大的应用价值。电纺微/纳米纤维本身排列密集、均匀,有很多"蠕虫洞",形成一层致密网状结构,且孔洞大小可调,透气性好,有选择通过性,对大分子物质具有阻隔作用,防止病毒、细菌的入侵,同时水蒸汽自由出入,保持了舒适性。因而该复合面料在热防护服等领域具有广阔的应用前景。

第五节　本章小结

本章第一节综述了复合膜的研究现状以及复合膜在热防护服装上的应用现状；重点阐述了选用 TPEE 膜为亲水层，PVDF 为疏水层，采用静电纺丝技术自主研发的新型微孔疏水/致密亲水复合膜的实验设计及制备过程；并回顾国内外研究者对膜参数及机理的研究现状，深入分析了复合膜的透湿传质机理，建立了基于憎水—亲水防水透湿复合膜的电阻法计算模型，后续设计实验验证了该电阻模型能较好地反映复合膜的传质特性；在此基础上，进一步对研发的新型复合膜的热防护性、生物阻隔性能等进行了理论分析和实验验证，表明自主研发的复合膜在耐高温热防护服上的应用具有一定的可行性，发展前景广阔。

参考文献

［195］周宇．消防服用防水透湿复合膜的制备及性能研究［D］．郑州：中原工学院，2014．

［196］徐旭凡，周小红，王善元．防水透湿织物的透湿机理探析［J］．上海纺织科技，2005，33（1）：58－60．

［197］郭玉海，张建春，冯新星，等．聚四氟乙烯与热塑性聚氨酯复合薄膜的制备方法［P］．CN1785656A，2006－06－14．

［198］张建春，郝新敏，郭玉海．聚氨酯—聚四氟乙烯共同拉伸复合膜的制备方法［P］．CN1291828C，2004－08－11．

［199］郝新敏，张建春，郭玉海．一种透湿型病毒阻隔聚四氟乙烯复合膜的制备方法［P］．CN1566204A，2005－05－19．

［200］李登科，徐德亮，宋尚军等．防水透湿织物中 PTFE 复合膜的研究进展［J］．有机氟工业，2011（1）：31－33．

［201］邓振伟，于萍，陈玲．SPSS 软件在正交试验设计、结果分析中的应用［J］．电脑学习，2009，（5）：15－17．

［202］胡腾，闫敬春，宋耀祖．微观结构对膜换湿能力的影响研究［J］．工程热物理学报，2010，31（2）：307－310．

［203］Kong J F，Li K. An Improved Gas Permeation Method for Characterizing and Predicting the Performance of Microporous Asymmetric Hollow Fibre Membranes Used in

Gas Absorption[J]. Journal of membrane science,2001,182:271 – 281.

[204]Martinez L,Florido – Diaz F J,Hernandez A,et al. Characterization of three hydrophobic porous membranes used in membrane distillation,modeling and evaluation of their water vapor permeabilities [J]. Journal of membrane science,2002,203:15 – 27.

[205]Min JC,Hu T. Moisture permeation through porous membranes [J]. Journal of membrane science ,2011,379:496 – 503.

[206] Dr. Adolf Fick. Ueber Diffusion [J]. Annalen derPhysik, 1855, 170(1): 59 – 86.

[207]Lonsdale H. K. ,Podall H. E. . Reverse osmosis membrane research[M]. New York:Plenum Press,1972.

[208]Flory PJ. Thermodynamics of high polymer solutions[J]. J Chem Phys 1942; 10:51 – 61.

[209]Huggins ML. Theory of solutions of high polymers[J]. J Chem Soc 1942;64: 1712 – 9.

[210]Zimm BH,Lundberg JL. Sorption of Vapors by High Polymers[J]. J Phys Chem 1956;60(4):425 – 428.

[211]Brown GL. In:Rowland SP,editor. Water in polymers[C]. ACS Symposium Series,vol. 127. Washington,DC:American Chemical Society,1980.

[212] Alexander, S. , Krijn, D. , Modelling the Moisture Vapour Transmission Rate Through Segmented Block co – poly(ether – ester) Based Breathable Films[J]. Polymer, 2001,42:117 – 127.

[213]Henis J. M. S. ,Tripodi M. K. ,A novel approach to gas separation using composite hollow fiber membranes[J]. Sep. Sci. Technol. 15 (1980) 1059 – 1068.

[214]贺高红,邵平海,徐仁贤等. 气体通过高分子复合膜的机理及其应用[J]. 高分子材料科学与工程,1993,(4):97 – 102.

[215]黄向阳,贺高红,徐仁贤等. 复合膜气体渗透机理:改进的 Henis'模型 [J]. 膜科学与技术,1995,15(1):19 – 24.

[216]闵敬春,王利宁. 膜吸附常数对膜阻和膜通量的影响[J]. 科学通报, 2011,56(17):1396 – 1400.

[217] Kreyszig E. Advanced engineering mathematics[M]. 7th Edition,New York: Wiley,1993.

[218] SANG S. Woo, ITZHAK SHALEV, ROGER L. BARKER. Heat and Moisture

Transfer Through.

Nonwoven Fabrics Part Ⅱ:Moisture Diffusivity［J］. TEXTILE RESEARCH JOURNAL. 1994. 64(4):193.

［219］Zhang LZ. A fractal model for gas permeation through porous membranes［J］. International Journal of Heat and Mass Transfer,2008,51:5288 – 5295.

［220］张炎,张立志,项辉等. 基于亲水/憎水复合膜的全热交换器换热换湿性能［J］. 化工学报,2007,58(2):294 – 298.

［221］张建春,张建军,郭玉海. PTFE 层压织物用 PES 热熔胶浆的性能研究［J］. 中国胶黏剂,1997,7(2):23 – 25.

［222］林海. 美国 DuPont 公司研制出新型高科技生化防护服［EB/OL］. (2004 – 09 – 30).

［223］http://mil. news. sina. com. cn/2004 – 09 – 30/0859231980. html.

［224］郝新敏,张建春,周国泰等. 聚四氟乙烯复合膜多功能"非典"防护服研究［J］. 中国个体防护装备. 2003,(3):11 – 15.

［225］彭景洋. 高性能生化防护服复合面料的研究［D］. 天津:天津工业大学,2011.

［226］张志源. 消防战斗服的发展概况［J］. 消防技术与产品信息. 2003, (2):67.

［227］刘洪凤,张富丽. 蒸汽防护服装的性能要求及研究现状［J］. 2012,40(5): 14 – 17.

第七章 相变材料在热功能防护服上的应用

消防灭火救援服装是一种多层个人防护装备体系，由外向内的主要构成是阻燃外层、防水透汽层、隔热层与舒适层。为适应未来灭火应急救援及单兵作战的需要，迫切需求研制质量轻、热防护性能以及热舒适性能优良的消防作战服装装备。利用相变材料（Phase change material – PCM）潜热达到火灾或者高温环境下热控或调温目的的研究就成为消防服、航天服防护新材料优化应用的热点，为此类高性能防护服的开发开辟了新的途径。

相变材料应用于服装技术可追溯到 20 世纪 80 年代美国国家航空航天局（NASA）宇航服的开发，该项研究最初目的是为了更好地保护宇航员在太空复杂多变的环境下不至于发生急剧的体表温度变化，此项成果所形成的产品为著名的 Outlast 空调纤维，其应用现已扩大到消费品及其他防护领域。自此之后，相变材料便越来越广泛应用于热功能防护服，以提高消防员等作业人员的着装热舒适性，减少热应激现象。

第一节　相变材料在热功能防护服中的应用及可行性分析

本节回顾了相变材料用于提高热防护服热舒适性与热防护性能两方面的应用研究情况，同时总结了有机石蜡类易燃相变材料的阻燃处理方法，对相变材料抑制热防护服层内温度突变的应用进行了可行性分析，并对将来相变材料应用于热功能防护服研究的着力点进行了一些思考。

一、相变材料应用于热功能防护服的研究现状

消防灭火等作业环境实际上是一个复杂多变的工况，作业人员不仅面临着高温火场瞬时烧伤的危险，而且还会遭受严重的高温高湿热应激反应。当前，相变材料附加于热防护服的应用研究主要集中在以下两个方面：一是减少热环境下着装所产生的热应力（heat strain），提高热防护服热湿舒适性；二是抑制服装内层温度突变，增

强热防护整体装备的隔热防护性能。

(一)降低热应力和提高热舒适性能

因为穿着高防护性能要求的热防护服在高温、高湿环境下作业时,人体由于服装的阻隔导致散热不及时会造成体热平衡失调,大大影响到作业人员的工效,严重时会构成生命危险。因此,在设计开发热防护服防护装备时,不仅要求产品具有隔绝热防护性能,还应有一定的热调节功能,保证人体体热平衡,保护人体免受热应力负荷,防止热中暑。由此,近30年来人们就提出了降温服的设计构想,并研制出不同行业人员穿着要求的冷却降温服装。降温服又称为冷却服,可分为采用液体、气体和相变材料为冷却源的三种类型降温服。相变材料降温服或冷却背心因体积小、重量轻、成本低、易穿脱等优点,近些年已有国内外学者将其应用于热防护服装备中。

较早被利用在制冷背心的一类相变材料是冰块和冷凝胶,这类相变材料的优点是制冷效果强,传热迅速,因而也受到一些研究者青睐。如周(Chou)等通过生理评价实验比较了冰块以及相变温度分别为5℃和20℃的两种相变材料用于提高消防服热舒适性的效果。在环境温度为30℃、相对湿度为50%的人工气候室内,8位平均年龄为25.9岁的受试者穿着消防服,进行功率自行车试验运动,被测定的人体生理参数分别是直肠温度、平均皮肤温度、体重减轻量以及主观感受。实验结果表明采用相变材料所制作的消防冷却背心具有明显的降温效果。斯莫兰德(Smolander)等也实验研究了消防"冰"背心对人体生理和主观舒适度的定量性影响。柳素燕等利用人体穿着生理试验评价了硬凝胶蓄冷剂为介质的降温背心在降低消防员热应激上的效果,实验中选取穿着三种不同消防装备的8名体能处于中等水平的受试者进行对比实验,观察其加权平均皮肤温度、出汗量、积热量和综合热应激指数(Combined Index of Heat Stress——CIHS)。实验结果表明,降温背心能够显著降低防护服对消防员热应激的影响。毫无疑问,低温相变材料能明显降低消防员在炎热环境下的热应力,但在使用过程中,这类相变材料也会快速降低人体体温,冷凝胶硬块会造成服装的透气性下降,服装接触皮肤或身体,会产生明显的不舒适感;另外,使用冰块低温相变材料作为冷却介质的另一个缺点是在使用前需将服装置于冰箱等制冷设备内,待冰冻或者凝固后才能使用。

另一类常用作相变背心的材料是结晶水合盐或熔融盐类无机相变材料,这类相变材料存在着储能密度大,相变时体积变化小,导热系数大等优点。如卡特(Carter)等采用十水硫酸钠($Na_2SO_4 \cdot 10H_2O$)作为制冷剂用于消防服中,研究了制冷剂用于消防服的舒适度的影响。国内清华大学朱颖心等也设计出一种相变降温服装,由背心、头套和脖套构成,其中相变材料采用了温度为25~27℃的氯化钙、氯化钠、氯化钾和水四种物质的混合物,该降温服作为有效的降温防护装备,适用于军事、消防、宇航等高温工作环境中使用。高(Gao)等利用人体生理实验和暖体假人实验相结合的方法研究了相变冷却背心的控温效果,所有实验在温度为55℃、相对湿度为30%、风速为0.4m/s的人工气候室内进行,受试者穿着附加了相变温度为24℃和28℃的两种相变背心的消防服,相变材料选用的也是十水硫酸钠(Na$_2$SO$_4$·10H$_2$O)混合物。实验结果显示相变温度较低的相变材料对测试对象的皮肤有明显的降温效果;除此之外,即使在休息阶段,穿着相变背心受试者的直肠温度也仅上升0.4℃,而没有穿着相变背心的受试者直肠温度上升明显,温升高达2.7℃。石蜡、脂肪酸类等有机相变材料因无过冷现象、化学性质稳定、无毒无刺激性气味、价格便宜等优点也被用于消防背心的制作材料。鄢瑛等采用石蜡微胶囊相变材料研制致冷背心样衣,与隔绝式防护服配套使用,在室内温度为36℃、相对湿度为60%的条件下,测定未附加和附加了致冷背心的热隔绝式防护服时,人体四个部位温度等参数随穿着时间的变化;同时结合人体产热、散热经验式与Woodcock透湿指数理论建立模型,以人体平均体温为考察对象,讨论了未配置和配置了制冷背心的隔绝式防护服时,人体平均体温随穿用时间变化关系的规律。最近巴柯维亚(Bartkowiak)等设计了三种结构的相变调温服装,分别是两层结构的Smartcel™相变纤维内衣、三层结构的Smartcel™相变纤维制冷背心、附含相变大胶囊(正十八烷成分)冷却背心,这三种调温服装与热隔绝服装如消防防化服进行不同形式搭配使用,进行热工效学实验,实验表明"相变内衣层 + 相变材料大胶囊冷却背心"配置能有效调节衣下微气候,这是因为该实验所用的相变大胶囊具有较高的相变热焓。

与主动型冷却服相比较而言,虽然选择相变材料作为冷却服或冷却背心能够提升消防服着装舒适性,有着服装结构设计简单、穿脱方便等优点,但也存在有效工作时间短,需要定型封装等诸多方面缺点,其适用范围并不是很广,不适合长时间高温高湿作业环境穿着。

(二)抑制温度突变,提高热防护性能

将相变材料附加于热防护服上提升其热防护能力是一项全新的技术,具有很大的发展潜力。罗西(Rossi)等对相变材料提高服装的热防护性能开展了非常有意义的初探性工作,他们采用的相变层为附含了相变微胶囊的发泡泡沫,相变层的克重为180g/m^2,相变温度在50℃左右,实验是在辐射热流量为5kW/m^2、10kW/m^{2}和40kW/m^{2}以及火焰对流热84 kW/m^{2}的外边界条件下进行,实验表明相变材料能显著提高多层消防织物系统的热防护性能,且相变层配置方式、热暴露流量等因素会影响防护性能的优劣。

叶宏等以皮肤温度为参考,构建了"火场—相变服—人体皮肤"的简化系统模型,研究了在极端火场下石蜡构成的相变防护服的相变熔点和相变潜热对服装的热防护性能的影响,具体来说,潜热大且熔点高的相变材料的热防护性能好。文献中以人体内核温度为定解条件,以皮肤外表面温度为参考进行模拟计算,虽没有考虑到皮肤烧伤的温度阈值,但为相变消防服传热模型研究提供了较好的理论基础。

默瑟(Mercer)等按照"阻燃外层 + 相变层 + 隔热层 + 空气层 + 皮肤"结构发展了系统传热模型,模拟计算了闪燃火灾热流量83.2kW/m²和灭火现场低热通量1.2kW/m²两种火灾情景下的人体皮肤温度及烧伤积分值。模拟结果显示在83.2kW/m²热流下PCM层可以延缓皮肤温度上升的作用,但这里并没有考虑到相变材料在高火场温度梯度下性能的变化以及快速相变吸热,也没有进行相应的试验验证。

笔者研究了相变材料在服装层中不同配置对消防服系统的防护性能影响,取"外壳层 + 汽障层 + 相变层 + 隔热层"与"外壳层 + 汽障层 + 隔热层 + 相变层"两种配置作为研究对象,利用模型分析方法获取相变层在消防服内的最佳配置方式。模拟结果认为,高热流环境下,热调节消防服应配置相变温度较高的相变材料,并置放于隔热层的外侧;低热流环境下,热调节消防服应配置相变温度与人体皮肤温度相近的相变材料,并置放于隔热层的内侧(朝向人体皮肤一侧)。该项工作还有很多地方需要完善,进一步研究将集中在不同热流量下消防服内相变材料的相变吸换热特性以及对火场环境下着装人体这一系统传热的影响,并完善相变消防服火灾试验系统评估,以期获得规律性的认识。

麦卡锡(McCarthy)等将 Rubitherm® 系列 PX 52、GR 80 和 PK 82 三种类型的相变材料缝制于隔热层与舒适层面料中间,形成三种不同的相变隔热层,与阻燃外层和防水透汽层构成消防服系统。采用实验与模型分析了含相变材料与不含相变材料消防服的防护性能,结果表明采用相变材料潜热效应能降低层内温度,从而有效减轻消防装备整体重量。文献中分别给出了 Rubitherm® PX 52、Rubitherm® GR 80 和 Rubitherm® PK 82 三种相变材料的相变温度范围,分别是44 ~ 55℃、71 ~ 86℃和77 ~ 85℃。

胡(Hu)等按照"阻燃外层 + 透汽层 + 相变层 + 隔热内层"和"阻燃外层 + 相变层 + 透汽层 + 隔热内层"两种方式的物理配置,分别构建了两个系统的一维传热模型,利用模型分析了相变层厚度为1mm、2mm、5mm以及10mm不同情况下的消防服热防护性能。研究结果显示上述第一种配置防护效果要高于第二种配置的防护效果,且相变材料的质量越大,防护性就越好。文献中没有给出相变材料的具体相变热及相变熔融温度等参数,也没有对模型进行同等物理边界条件下的实验性验证。

布勒（Buhler）等选用石蜡、饱和沸石以及两种水合盐（三水乙酸钠和七水硫酸镁）作为相变材料，并利用 PU 膜进行封装，附着于发泡铝板上。热防护实验中模拟了炼钢的高温热辐射工作环境，试样受辐射的热流量为 $1.5\,kW/m^2$，测试了发泡铝板后面的温度变化，相变材料在热防护性能上的表现则由铝板后面的温度变化来反映。一般来说，热暴露时间不超过 540 s，三水乙酸钠相变材料能提供较好的热保护，而辐射时间超过 540 s，则沸石类相变材料更适合于隔绝防护。所构建的实验能很好地模拟热工作环境，并能用来评估防高温服装的热防护性能。在这里有两个问题值得思考：一个问题就是无机相变材料的过冷（Supercooling）现象，即物质冷却到"凝固点"时并不结晶，而须冷却到"凝固点"以下的一定温度时才开始结晶（这两个点的温度差称为"过冷度"）。如果"过冷度"过高，消防员远离火场后，相变材料不能凝固结晶，再次返回火场后，相变材料已不能发挥作用。而且，因为"过冷"现象，也会导致相变材料冷却到"凝固点"以下某个温度节点时，会迅速结晶，瞬间释放出大量的潜热，从而会造成消防员次生皮肤烧伤。已有学者采用无机相变材料掺杂防过冷剂方法降低其过冷度，能有效解决此类相变材料的过冷问题；另一个问题是出现相分离，即加热盐水混合物变成无机盐，某些盐类有部分不溶解于结晶水而沉于底部，冷却时也不与结晶水结合，从而形成分层，导致溶解的不均匀性，造成吸热能力逐渐下降。

消防作业环境与其他高温行业环境有着一定的区别，消防服研究开发过程中，增强热防护性能与减少人体新陈代谢热负荷是相互矛盾的。实际上，上述文献中都没有综合考虑相变材料调温及抑制温度突变的功能，作为提高消防服热舒适性能的相变材料，并不一定能在热防护性能指标上发挥作用，反之亦然。

二、热功能防护服用石蜡类相变材料封装方法及阻燃处理

有机石蜡类相变材料存在易燃性的缺陷，接触火焰后产生熔滴、破洞，有着很高的火灾风险，也不符合国内外相关标准规定的消防服面料的阻燃性要求，如 GA 10 - 2002《消防员灭火防护服》标准要求消防服所有层面料的续燃时间小于 2s，没有熔融、滴落现象。因此，必须对相变材料进行封装并阻燃处理，才能将其应用于在高温火场工作的消防服。解决此问题的途径有三个，分别如下所述。

（一）"三明治"式物理包装

最常见的解决方案是将相变材料缝制于两层阻燃织物之间或封装铝膜内，形成"三明治"式结构的相变材料袋，利用外层阻燃织物或铝膜进行避火，是一种简单的物理封装。此类封装技术典型应用是铠甲式消防背心等冷却服。

（二）开发阻燃型定型相变材料

另一种行之有效的方法是在石蜡相变材料中添加阻燃剂或采用本质型阻燃相变材料，并将相变材料定型，目前相变材料定型的方法主要分为形状稳定定型（Form Stable）和微胶囊化（Micro – Encapsuled）处理。

1. 形状稳定定型阻燃相变材料

形状稳定定型材料是指将石蜡材料固定在具有三维网络结构的载体基质上的一类复合材料，载体基质包括 HDPE、PP、ABS 等有机高分子材料或者膨胀石墨（Expanded graphite）等无机类物质。如斯蒂斯达（Sittistart）等就将 Rubitherm® RT 21 相变物质、高密度聚乙烯 HDPE 和不同种阻燃剂进行混合，采用布拉本德（Brabender）转矩流变仪制备出具有阻燃功能的定型相变材料，DSC 实验结果表明添加阻燃剂对相变材料的相变潜热改变不大。江南大学蔡以兵等采用双螺杆挤出技术制备出了系列的阻燃定型相变材料，所有相变材料中的定型载基体都采用了具有三维网络结构的 HDPE，同样热分析实验结果也显示出相变复合材料中阻燃剂体系对相变材料热性能影响不明显，该项研究拓宽了定型相变材料在蓄热调温纺织品材料等行业的应用。方（Fang）等以十六烷为相变工作物质，二氧化硅为载体，并添加膨胀石墨 EG，通过溶胶—凝胶法将十六烷嵌入二氧化硅纳米层空间中，利用二氧化硅和膨胀石墨 EG 本身所特有的阻燃性，制得阻燃相变复合定型相变材料。这类材料具有较高的相变潜热（十六烷的质量分数为 73.3% 时潜热可达 147.58kJ/kg）和较大的导热系数。

形状稳定定型相变材料在本质上进行了微观的固—液相变，但宏观上仍然保持稳定的固态形态。目前没有关于微纳米级别直径的形状稳定相变材料制备研究报道，因此就存在着能否可以将形状稳定定型相变材料细化成 1μm 以下级别的粉末问题，实际上就是微纳米尺度效应是否影响到载体支撑基质对相变材料的定型，能否达到像微纳米尺度的微胶囊一样包裹囊芯效果，如果解决了这些问题，这种形态定型相变材料就可以应用到纤维中，形成相变纤维。另外，HDPE 定型石蜡还存在着一定的泄露、结霜、热性能下降等问题，解决办法还是最后回归到将这类复合材料微胶囊化封装。

2. 阻燃相变材料的微胶囊化

这种相变材料的阻燃方法是将阻燃剂与相变材料共混形成囊芯进行胶囊化，或采用本质型阻燃的卤代石蜡作为囊芯。如高腾利用石蜡纳米胶囊的制备原理，通过原位聚合法制备了平均粒径为纳米级别的氯化石蜡为囊芯，制得纳米级别的阻燃相变微胶囊，提高了氯化石蜡的分解温度，可用于纺制蓄热调温纤维。中国专利201010233816.0 公布了一种阻燃相变隔热层材料的制备方法，选用具有本质型阻燃性能的卤代石蜡为囊芯、三聚氰胺—甲醛为囊壁原位法合成相变微胶囊,通过与具有阻燃性能的黏合剂、增稠剂、交联型阻燃剂进行混合,制得整理液,通过后整理工艺附含于非织造隔热层材料上,制备阻燃且调温的相变隔热层织物,可用于消防服。

(三)相变材料泡沫结构封装

将相变材料添加到聚氨酯泡沫材料中制成具有保温和调温功能的材料,最早应用于防寒保暖服及潜水服研究。接着国内天津工业大学张兴祥课题组在聚氨酯发泡体系中加入正十八烷微胶囊,制备出了含有相变材料微胶囊的聚氨酯泡沫,可广泛用于服装、鞋类内衬,增加穿着舒适性。有学者尝试将这种储温泡沫直接应用于火场下消防服隔热层,以提高消防服防火性能,但在实验过程中泡沫很快会着火燃烧,后续工作应考虑对泡沫阻燃整理。不难发现,这些文献中所采用相变材料都经过微胶囊化处理,然后再将相变微胶囊添加于发泡体系中,制备调温泡沫。

三、相变材料抑制热功能防护服层内温度突变的可行性

从相变材料应用的现状来看,利用其相变潜热提高热防护服热舒适性这一方面的研究已经比较成熟。但现有文献中,众多研究者从热防护性能的角度将相变温度小于40℃的可调温相变材料应用于消防服,以期增强消防服整体的隔热防护能力,这是不合理的。消防员长期在火场外围灭火作业,人体处于高热负荷状态,服装内层与人体皮肤间的空气层温度可能会达到人体痛觉忍受阈值44℃,这表明服装层内温度不会低于44℃,这时无论设计何种相变层在服装系统内的配置方式,相变温度低于40℃的相变材料均已经吸热熔解,因此当消防人员遭遇突发轰燃后火灾(Post flash-over fire)时,已经发生相转变的相变层根本发挥不了其大量吸热而抑制温度突变的作用。特别指出的是,外界火场热负荷和服装的构成是变化的,因此服装层间的温度梯度也是不断变化的,相对于相变材料的固定相变温度来说,就不容易找出相变层在系统内固定方式配置的解决方案。基于以上考虑,必须依据火场下服装层内温度分布特点合理选择相变材料。

罗西(Rossi)在应用相变材料到消防服的研究过程中,采用稳态法详细地分析了多层织物系统内的温度分布。考虑入射到服装外层的稳定辐射热流量密度 q 为 $1.2kW/m^2$,该值也是消防员遭受热烧伤危险值。消防服系统由舒适层(热阻 $R_{TC} = 0.02m^2 \cdot K/W$)、隔热层2(热阻 $R_{L2} = 0.0227m^2 \cdot K/W$)、隔热层1(热阻 $R_{L1} = 0.0343m^2 \cdot K/W$)、防水透汽层(热阻 $R_M = 0.0212m^2 \cdot K/W$)以及阻燃外层(热阻 $R_{OS} = 0.0117m^2 \cdot K/W$)组成,不考虑空气层存在,皮肤温度边界值为痛觉阈值 $T_s = 44℃$ 时,各层温度值可用式(7-1)计算:

$$q = \frac{T_a - T_s}{R_{TC} + R_{L2} + R_{L1} + R_{OS}} \qquad (7-1)$$

根据上式可计算得到各层之间的温度分布状况,若外层表面温度 T_a 为175℃,则隔热层2内表面与外表面温度分别能达到68℃和95℃,据此选择合适相变温度范围的相变材料。这时要将相变层配置于隔热层2的内表面,理论上说相变材料的相变温度上限值一定要低于68℃。下限值可以利用皮肤痛觉忍受阈值为固定值这一特点,考虑将某一固定相变温度的相变材料配置于邻近皮肤层,因此下限值一般应高于44℃,这与舒适性阈值不同。

施榅梧等针对含 PCM 的纺织纤维用量和智能保暖成本进行了估算,假设含 PCM 微胶囊的热焓按照200J/g、纤维中的微胶囊含量按照10%计算,那么纤维的相变潜热为20J/g,计算了从 −9℃ 的环境进入 −18℃ 的环境,人体需要1.89kg的含 PCM 纤维,才能保暖1h。显然开发 PCM 相变纺织材料的成本和用量非常高,并不适用于严寒或酷热环境下的长时间作业。

本节按以下两种情况对 PCM 材料用作消防服内抑制温度突变的吸热效果情况进行估算。

(1)含 PCM 的纤维毡,用作隔热层。沿用上述纤维的热焓为20J/g的假设,另外为了计算方便,同样采用稳态方法进行分析,设稳态下火焰对流及辐射热入射到服装层内的热流密度值 $q = 1.2\text{kW/m}^2$。必须注意的是这里的入射到服装层内的热流量值 q 与火焰所发出的热流量值 Q 不同,在已知火焰热流量值 Q 的情况下,需要通过火焰与服装表面的边界条件计算才能得到火焰入射到服装层内的热流量值 q。纤维毡的克重为200g/m²,那么纤维毡的热焓值为4000J/m²,该潜热值能缓冲隔热层温度突变的时间为 $t_s = 4000\text{J}/1200\text{W} \approx 3.3\text{s}$,即增加了消防员大约3.3s的热防护时间,对于消防灭火应急救援行业来说,这是相当可观的。

(2)含 PCM 的"三明治"式夹层结构。与相变纤维不同的是,夹层相变材料无需附加于纤维中,相变焓值大,可达200J/g,假定夹层中所用相变材料面密度为200g/m²,入射热辐射流通量为1.2kW/m²,则相变材料袋的相变潜热值为40000J/m²,吸热缓冲时间为 $t_s = 40000\text{J}/1200\text{W} \approx 33\text{s}$。可以看出,缓冲时间明显延长,热防护效果更加突出。

即使按照1.65m²的人体表面积全部使用 PCM 来计算,上述两种方式应用含 PCM 的材料重量仅为 $1.65 \text{ m}^2 \times 200\text{g/m}^2 = 330\text{g}$,装备整体增重并不是很明显,在单兵作业负荷可承受范围之内。由此可见,将相变材料应用于消防服等热防护装备中,抑制火灾下服装层内温度突变,提高装备的整体热防护性能是完全可行的。

四、相变材料应用于热功能防护服的研究趋势与重点

(一)基于模型方法研究相变材料热功能防护服体系中的优化配置

火场下消防服客观测试评估是一项破坏性的试验,危险性大。采用基于数学模型的预测方法对防护服,尤其是附含了相变材料层的消防服等热防护装备进行热优化设计是将来研究发展趋势,其优点是避免采用大量的材料破坏性燃烧试验,大大降低了试验成本。

相变材料的纺织服装应用领域有部分文献提及了利用模型方法研究相变纺织品传热特性。如纳克尔斯(Nuckols)建立了干燥状态下含有微胶囊潜水服分析模型,并指出稳态热阻法不适用分析相变动态传热过程。李凤志等构建了含有相变微胶囊织物传热传湿模型,考虑了相变过程对织物内热传递过程的影响及加热/冷却率对相变材料特征温度和相变热的影响。高温热辐射环境下含相变材料的消防服传热模型见文献[242~243,245]描述。但是必须注意的是,在"火灾—相变服装—人体"这个系统传热模型中,相变材料的传热特性是影响其服装整体隔热防护性能最关键因素之一,问题的核心在于研究相变材料在强热流场下的相变传热规律,寻找其与常温下相变换热的不同点。前面所述的相变模型都将相变过程进行了简化,并不适合在强热流量下相变过程的物理描述,需要考虑相变参数的变化特征。应根据相变材料附着于织物的方式不同,可将问题转化为多尺度结构问题,研究微观下相变材料传热机制,获得对宏观下相变材料的传热规律认识。

(二)提高火场下相变材料吸热效率

研究发现,相变材料的相变温度与外界温度变化速度相关,这一点可以从相变材料的 DSC 实验中发现。张(Zhang)等利用 DSC 测试正十八烷微胶囊熔融温度 T_m 以及结晶温度 T_c,获得的信息表明 DSC 的升温和降温速率对 T_m 和 T_c 均存在着显著的影响,升温速率越高,T_m 越高。另外,相变过程所需时间,即相变持续时间也随温度变化而变化,一般来说,随着外界温度升高,相变持续时间呈指数形式下降,因此,外界热流密度越大,相变持续时间越短,相变速度越快。但是当过强火场热流量(超过 $84kW/m^2$)冲击包含有相变层的消防服时,相变层材料还未来得及吸热相变,人体皮肤就已经烧伤,此时相变材料就起不到抑制温度突变的作用。这种情况就要提高相变材料在高温火场下的工效,也就是要提高相变材料与外界的蓄换热效率,使相变层材料能快速相变吸热储存,抑制与相变层相邻的服装内层温度突变。固—液相变吸热过程的强弱往往对整个热防护过程起着决定性的作用,对固—液相变过程进行有效控制和强化相变是相变材料在消防服装上应用的一项关键技术。

(三)降低相变材料凝固释放热所致的次生皮肤烧伤

消防员近火灭火过程中,其自身所穿着的消防服尤其是多层消防服会储存大量的热能量,消防员逃生或远离火场后,这些被储存的热能量(Stored thermal energy)会释放出来,特别是在易被挤压部位,如胳膊、腿部等处容易发生次生烧伤;而 PCM 本身就属于一种储能材料,附着于消防服系统的相变层材料凝固时也要释放出热量,这样两部分热量合力结果就会增加皮肤的烧伤危险程度。关于这方面的烧伤危险因素,有学者对热防护服储存能量烧伤进行了一些研究,并研制出相关的测试仪器。但是所有关于相变消防服研究都没有考虑到储存热的释放,这些储存热会大大增加烧伤危险的可能性,也没有考虑采取可能的防护手段,这也是一个亟待解决的问题。

(四)相变材料蓄换热过程对消防服湿传递过程的影响

消防灭火作业过程中,消防用水和人体自身大量的出汗会造成消防服系统内吸附有大量的水分。近火场高热流密度下可能会致人体受到严重蒸汽灼伤,远离火场低热流密度下也会有不舒适感,因此火场水蒸汽是一项潜在危险因素,研究消防服系统内水汽传输过程就显得非常有必要,其中包括了相变层传热对织物层湿传递的影响。

我们借助于动态微气候仪测试了 Outlast 腈纶调温织物动态湿传热递特性,实验中环境温度为(19 ± 1)℃,湿度为(15 ± 2)% RH,模拟皮肤出汗温度(33 ± 0.3)℃及湿度为(98 ± 2)% RH,织物内外表面湿度变化如图 7 - 1 所示。

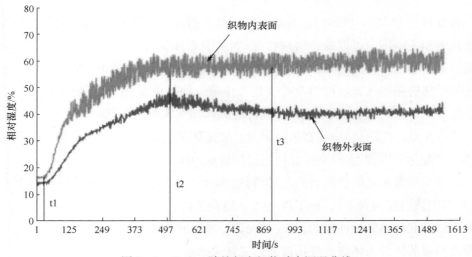

图 7 - 1　Outlast 腈纶相变织物动态调湿曲线

从图 7 - 1 可以看出,在测试的最后阶段,织物内、外表面湿度都达到平衡。但与内表面不同的是,织物外表面在 t_2 时刻后有个缓慢下降,然后再降至平衡,原因在于 t_2 时刻 Outlast 腈纶调温纺织品中的 PCM 石蜡开始发生相变吸热,由于热湿耦合的作用,吸热致使外层湿度发生了变化。由于热量传递方向是由内而外,相变换热对织物内层表面湿度影响不大。研究结果表明相变材料相变换热过程会影响到织物系统内部的相对湿度变化,具体变化量及变化规律需要进一步的实验与理论模型研究。

五、结论

将相变材料附加于消防服等热功能防护服上,增加着装舒适性并提升消防服等热防护装备的整体热防护性能,是一项非常有意义的研究。但是由于火灾下的暴露热流量以及热暴露时间都会影响到相变材料本身的相变属性,如相变特征温度、相变过程所需时间等参数,因此,将相变材料应用于消防服等热功能防护服上不是简单的封装和线性叠加问题,而是需要从热防护性能和人体热舒适性能两个角度全盘考虑,合理选择相变材料的相变温度阈值及在服装层的内配置方式。

第二节 基于模型法的相变材料在多层防护服内的配置方式

相变材料 PCMs(Phase Change Materials)是指在一定狭窄明确的温度范围,即通常所说的相变范围内可以改变物理状态,如从固态转变为液态或从液态变为固态的材料。而含相变材料的热防护服是一种新型智能火灾安全防护服,服装层内包含的相变物质能够根据火灾环境温度的变化发生液—固可逆变化,从环境中吸收热量储存于纺织品内部,从而有效地减少热量传递到人体皮肤的表面,保护人体皮肤不受烧伤。但需注意,相变材料应用在消防服等热功能防护装备上时,相转变温度范围应和人体温度变化范围相近,以利于保持恒定的皮肤温度。

本章节根据多层防护服装的传热特性,构建了含相变材料层的热防护服装系统模型,以皮肤温度为参考,讨论了含相变层热调节防护服装,在火灾环境下的相变材料熔点影响服装热防护性能的程度,并比较了在不同热流环境下,PCM 层在服装层中的布置与服装防护人体皮肤烧伤性能的定性关系。

一、数学模型

根据火灾环境人体着装实际情况,本节作者构建了平面差分模型模拟热量在"火灾—多层服装(空气层)—皮肤"系统的传热过程,其具体描述如图7-3所示。

(一)含相变层防护服传热方程

多层服装内部的热传递是一个较为复杂的过程,为了对研究问题进行简化,本章节暂不考虑高温下服装材料降解吸热或放热效应,服装材料内湿分影响忽略不计,则可得出包括相变层潜热变化的各层热传导控制方程:

$$\rho_m c_{pm} \frac{\partial T}{\partial t} = \lambda_m \frac{\partial^2 T}{\partial x^2} + \gamma \cdot q_{rad} e^{-\gamma x} + \rho_m Q \frac{\partial Z}{\partial t} \qquad (7-2)$$

其中,ρ_m、c_{pm} 和 λ_m 分别是材料的密度、比热容和导热系数;Q 为相变材料的熔化热;Z 为相变层的固相材料质量分数,若 $Z=1$ 表示材料尚未熔化,$Z=0$ 表示材料全部熔化;γ 是织物的消光系数;式(7-2)中右边第二项 $\gamma \cdot q_{rad} e^{-\gamma x}$,$q_{rad}$ 表示的是渗透到织物内部的辐射热流量,这里认为热源辐射热仅能穿透到外层,不能继续穿透到其他层。式(7-2)右边第三源项 $\rho_m Q \frac{\partial Z}{\partial t}$ 考虑了相变材料的相变潜热,当固体 PCM 熔化时,吸收热量,对应着 Z 值从1到0变化。Z 可由互补误差函数表示:

$$Z = \frac{1}{2} erfc \left(\frac{T - T_m}{T_0} \right) \qquad (7-3)$$

其中,T_m 是相变材料熔化温度;T_0 是相转变温度波动值,这里取 ±2℃。

由于人体实际穿着服装时存在衣下空气层,因此模拟时应在织物与皮肤之间设置一微小空气层,空气层内的换热方式主要以对流和辐射传热为主。静止空气的隔热值随着厚度增加而增加,但增加到一定厚度,空气产生对流运动,其隔热值不再增加,反而减小。与常温环境不同,高温火灾下微小空气层的辐射换热也是一种重要的传热方式。

多层织物热传递方程的内外边界条件分别是与皮肤和暴露热源的边界换热。当 $t \geq 0$,最外层受热面的边界条件为:

$$-\lambda_m \frac{\partial T}{\partial x} = q_{rad} + q_{con} \qquad (7-4)$$

其中,q_{rad} 和 q_{con} 分别是热源与多层织物最外层表面的辐射及对流换热量,但模型方程的外边界条件依热源的类型不同而有所区别,若为纯入射辐射热(21kW/m²),则不必考虑对流换热系数;若辐射与对流热各占50%(42kW/m²),则须考虑外边界热源与织物表面的对流换热。织物与皮肤界面的边界条件为：

$$-\lambda_m \frac{\partial T}{\partial x} = q_{aircon} + q_{airrad} \qquad (7-5)$$

其中，q_{aircon} 和 q_{airrad} 分别是织物与皮肤之间空气层的对流与辐射换热量，可以通过下式计算：

$$q_{aircon} = h_{if}(T_{if} - T_{os}) \qquad (7-6)$$

$$q_{airrad} = \sigma \varepsilon_{if} \varepsilon_{os}(T_{if}^4 - T_{os}^4) \qquad (7-7)$$

式中：T_{if} 和 T_{os}——内层织物内表面及皮肤外表面温度；

$\qquad \sigma$——Stephan – Boltzmann 常数；

$\qquad \varepsilon_{if}$ 和 ε_{os}——织物和皮肤的辐射系数；

$\qquad h_{if}$——织物内表面与皮肤之间的对流换热系数，其具体计算方法见参考文献[274]作者的论文。

(二)皮肤传热方程

这里拟采用 Pennes' 方法对人体皮肤传热进行模拟，其传热方程形式如下：

$$\rho_s c_{ps} \frac{\partial T}{\partial r} = \nabla(\lambda_s \nabla T) + \rho_b c_{pb} \omega_b(T_s - T) \qquad (7-8)$$

式中，ρ_s，c_{ps} 和 λ_s 分别是皮肤的密度、比热容和导热系数，假定各层材料的这三个属性值不变，层与层之间参数值不同；ρ_b、c_{pb} 和 λ_b 分别是血液的密度、比热容和导热系数；ω_b 是血液灌注率，其值为 $0.00125 \text{m}^3/\text{s}$，$T_s$ 是皮肤的初始温度。皮肤模型方程的内边界条件设定为人体内核恒定温度 37℃，初始条件则为皮肤外、内表面初始温度值之间的线性分布(34℃~37℃)。

拟运用有限差分法获得偏微分方程式(7-2)和式(7-8)的数值解，通过在整个求解面料区域内建立有限数目的网格，将温度场各微分方程变换为节点方程，运用差分完全隐式格式求得各网格单元节点的温度。由于微分方程中的辐射吸收这一非线性项，故采用了高斯—塞德尔点对点迭代法将非线性消除，求解的过程中结合使用下松弛过程来避免解的偏离。

二、实验

(一)实验仪器

中原工学院功能防护服装课题组已成功开发出改进的火灾热防护性能测试装置

（图 7－2），可以对模型进行实验验证，其基本原理参照 NFPA 1971 标准方法所述，在其基础上进行了热流传感器改造。热源由辐射热板与丙烷气体火焰发生器共同构成，热源的纯辐射热量，即关闭火焰发生器时所产生的热量，由调压变压器控制，通过调节输入电压，使放置在石英灯管上的加热铜板能辐射规定的热流量 21kW/m²，或者调节输入电压至输出辐射热与燃烧器火焰对流热比例为 5∶5（42kW/m²）。放置在防护服用织物试样背后的皮肤模拟传感器测量通过试样的热量，试样与石英灯管的距离为 55.4mm。辐射源的发热量依照 ASTM F 1939 标准方法进行校订，火焰对流热发热量依照 ASTM F 1930 标准方法进行校订。该装置中的皮肤模拟器材料采用人工微晶玻璃，其热传导率为 1.46W/m·K，热扩散率为 $7.3 \times 10^{-7} m^2/s$，而且它的热物理性能不随其表面温度改变而改变，这一点与皮肤属性极其相似。整块皮肤模拟器的厚度为 12.8mm，其背面附着于恒温冷板表面，恒温冷板与恒温水浴相连，使其背面保持在恒温 37℃。皮肤模拟器表面装有一只 T 形热电偶，热电偶的接线沿法向穿过模拟器接入转换器，热电偶的测量端用耐 380℃ 高温的环氧树脂胶黏于模拟器表面。

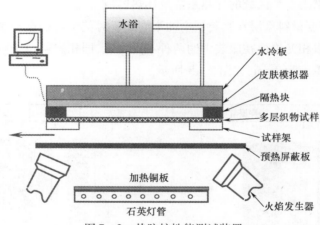

图 7－2　热防护性能测试装置

（二）服装各层配置

取含相变材料的多层热调节热防护服作为研究对象，由三层构成，从外到内分别配置为防火外层、防水汽障层及相变隔热层，所述的相变隔热层由芳纶纤维毡与相变微胶囊泡沫层合而成。相变隔热层中的相变物质采用直链烷烃有机材料，其碳链数选择根据火灾环境及相变层在服装内配置情况而定，从而也决定了相变材料的相变温度（30～80℃）。以三聚氰胺—甲醛为囊壁，直链烷烃为囊芯，用原位聚合法制成 microPCMs，将 microPCMs 加入到聚氨酯发泡体系中，制备出含有相变材料微胶囊的聚氨酯泡沫。各层具体结构参数见表7-1。

表7-1　防护服装各层结构参数表

各层结构	织物特性	厚度 （mm）	重量 （g/m²）	导热系数 （W/m/K）	比热 （J/kg/K）
外壳层1	Metamax®	0.64	0.64	0.64	1015
汽障层2	PTFE 复合	0.83	0.83	0.83	1150
相变隔热层3	芳纶纤维毡层	0.62	0.62	0.62	1250
	相变泡沫层	0.61	0.61	0.61	1.1×10^5

必须注意的是相变泡沫层的导热系数值与比热容值随相变过程有所改变,这里采用等效热容法确定,即将变物性问题处理成一个在若干个温度区间分别为常物性问题。假设相变温度为T_m,相变温度范围为$T_m + \Delta T_m$,则可以将相变微胶囊分成三个区域,即固相区($T < T_m$)、液相区($T > T_m + \Delta T_m$)及固液共存($T_m < T < T_m + \Delta T_m$)的过渡区域,分别求出三个区域的导热系数及比热容值。

为了研究相变材料涂层在服装层中的不同配置对整个防护服装系统的防护性能影响,本节中选取相变涂层在服装中的两种不同配置,即相变层位于隔热层前表面与后表面,空气层厚度为3mm,如图7-3所示。

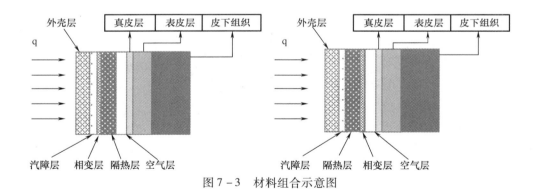

图7-3　材料组合示意图

三、结果与讨论

(一)模型验证

首先要对模型进行验证,这里运用RPP性能测试仪测试热调节服装系统服装层的温度值,再与模型值进行比较。选用"外壳层＋汽障层＋相变涂层＋隔热层"系统

1 作为测试模拟对象,以验证模型的精确性,在验证了模型的精确性后,就可以利用模型计算来对比。入射到外层表面的纯辐射热量为 $21kW/m^2$,热暴露时间为 30s,相变材料的熔点为 76℃。图 7-4 即是服装系统外壳层、汽障层与隔热内层表面温度上升示意图,在初始受热阶段(0~6s 内),最外层实验与预测值相差较大,这是由于实验时其织物面料含有水分,开始加热时,水分蒸发吸收热量,而模型中未考虑湿分影响,导致在初始阶段,模型预测温度值比实验测试值上升快。

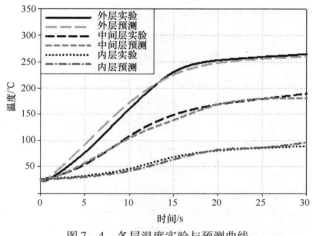

图 7-4　各层温度实验与预测曲线

需要说明的是本章节中将织物认定为多孔介质,织物的组织结构参数(平纹、缎纹、斜纹等)用面料的宏观参数密度来表述,面料的导热系数考虑了各项结构参数,从而作为模型的输入参数。另外,对于着装人体来说,采用一维平面模型可以用来预测人体一维径向传热特征,这可以通过两个坐标系下傅立叶方程进行解释,假设入射到皮肤模拟器表面的热流量是固定值,那么圆柱坐标系下的傅立叶方程可写成:

$$\frac{\partial^2 T}{\partial r^2} + \frac{1}{r}\frac{\partial T}{\partial r} = \frac{1}{\alpha}\frac{\partial T}{\partial t} \tag{7-9}$$

假设人体皮肤为一维半无限体,那么在直角坐标系下,傅立叶传热方程可用如下形式表示:

$$\frac{\partial^2 T}{\partial x^2} = \frac{1}{\alpha}\frac{\partial T}{\partial x^2} \tag{7-10}$$

比较方程式(7-9)和式(7-10)发现这两个方程式如果相等,其成立条件是:

$$\frac{\partial^2 T}{\partial r^2} + \frac{1}{r}\frac{\partial T}{\partial r} = \frac{\partial^2 T}{\partial x^2} \qquad (7-11)$$

也就是说,仅当中空圆筒壁的厚度与圆筒的外半径值之比相当小的时候,忽略式 $(7-11)$ 中的 $\frac{1}{r}\frac{\partial T}{\partial r}$ 项才能得到等式。显而易见,服装织物的厚度比人体肢体躯干的直径相当小,满足了该条件。

(二)相变层熔点对皮肤温度变化的影响

相变材料熔点的选择对相变防护服的性能具有重要的影响,尤其是相变潜热作用的发挥影响很大。为进一步探讨相变熔点的影响,本部分内容将给出在其他参数相同的情况下,运用模型研究相变材料熔点对服装防护皮肤烧伤性能的影响。模型的外边界条件分别是:入射到外层表面的热量为 $42\mathrm{kW/m^2}$,辐射与火焰对流入射热比例各占 50%,热暴露时间为 $30s$,相变材料的熔点 T_m 分别为 $39.6℃$、$35.8℃$ 和 $32.6℃$。从图 $7-5$ 可以看出,熔点的变化对皮肤表面温度升高的影响具有明显差别,较高的熔点对应着较低的升温速率,如在 $15\sim20s$ 时间段内皮肤表面之间的温差最高能达到 $4℃$ 左右,这意味着较高的相变熔点有着更好的防护性能。这是由于皮肤起始温度和相变材料的相变熔点相差不大,在短时间内皮肤温度上升到相变熔点值,相变熔点越高,相变状态改变稍迟,其相变潜热作用在受热的后一段时间内表现得越充分;另外,相变材料相变温度越高,其相变持续时间越长。

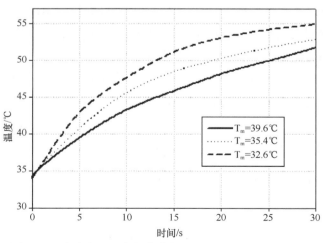

图 $7-5$ 皮肤表面温度的变化与相变材料的熔点关系曲线

(三)服装相变层配置对热防护性能的影响

因为人体皮肤表面平均温度在 $33℃$ 左右,所以总是希望相变材料的相变温度保持在这一值左右,但用于纺织服装相变材料的相变温度不一定就是33℃,总是在一定范围之内,且不会高于100℃,特别是高温火灾环境下,外层服装材料表面的温度甚至高达几百度,这时如何在消防服系统内配置相变材料就显得异常重要。本章节所建立的数学模型既可以预测皮肤温度变化趋势,也可以预测人体真实皮肤烧伤度,根据烧伤所需时间来评定覆盖于皮肤上的应急防护多层织物的热防护性能。本节采用了目前应用较广泛的 Henriques 皮肤烧伤模型方程,该模型通过将皮肤温度代入到 Henriques 提出的一阶阿伦尼乌斯(Arrhenius)方程,即认为皮肤的烧伤过程是一个化学变化的积分形式,以此获得服装层下皮肤达到二级烧伤所需时间 t_2,并对服装热防护性能进行评价,t_2 越大,表明其防护性能越好。为了进行有效对比,我们选取模拟火灾热流强度为 21kW/m² 和 42kW/m²,热暴露时间为 30s,相变材料的熔点取 32.6℃ 和76℃,通过模型计算相变材料在消防服装系统中的配置影响服装热防护性能的关系见表 7 - 2。综合表 7 - 2 中数据可知,无论是低辐射热流还是强辐射热流火灾环境下,含相变材料的消防服热防护性能都优于不含相变材料的消防服装,表明其具有较强的热调节功能。

　　低辐射热流(21kW/m²)环境下,相变温度 32.6℃ 的相变材料设置在隔热层的右侧,也就是朝向皮肤的一侧时,皮肤达到二级烧伤时间最长为 75.6s,这时防护性能最强。而相变温度 76℃ 的相变材料无论设置在隔热层的右侧还是左侧,其热防护性能都较相变温度为 32.6℃ 的相变材料消防服装的防护性能差,这是由于外界热流强度低,服装层的温度上升速度较慢,若相变材料相变温度过高,可能相变材料还未发生完全熔解,人体皮肤就已经烧伤。这一点与夏季空调服非常相似,假设外界是 40℃ 高温环境,穿着相变温度超过 40℃ 的相变防护服,根本就起不到调温作用。

　　强辐射热流(42kW/m²)环境下,相变温度 76℃ 的相变材料设置在隔热层的左侧,皮肤达到二级烧伤时间最长为 44.5s,这时防护性能最强。这是因为外界热流强度高,服装层间温度上升较快,将相变材料置于隔热层的左侧有利于减缓服装系统最内层界面(服装隔热层与皮肤之间)的温度上升速度,减小到达皮肤表面的热流量,有效增加消防服的防护性能。

　　用于火灾安全防护服的材料必须要求其具有良好的阻燃性能。这里为了分析的需要,未对相变层进行阻燃处理,但由于将其置于内层,不正面接触火焰,可以不要求阻燃。另外,由于随着环境温度升高,相变材料相变开始时间和持续时间呈指数下降,所以运用于火灾消防服的相变材料层不宜配置在服装最外层上。

表7-2 相变材料层的配置因素影响服装防护性能

热源热流强度	相变温度(℃)	层1	层2	层3		二级烧伤时间(s)
				芳纶毡	相变泡沫	
21kW/m² (纯辐射热)	32.6	外壳层	汽障层	隔热层	—	47.5
				相变涂层	隔热层	66.3
				隔热层	相变涂层	75.6
	76			相变涂层	隔热层	60.9
				隔热层	相变涂层	54.2
42kW/m² (辐射50%, 对流50%)	32.6			隔热层	—	27.9
				相变涂层	隔热层	36.8
				隔热层	相变涂层	38.7
	76			相变涂层	隔热层	44.5
				隔热层	相变涂层	41.6

四、结论

为研究相变材料在高温强热流环境下的热防护性能,本章节建立了含相变材料层的多层热调节消防服装传热模型,并按照模型的受热边界条件搭建消防服防护性能测试装置,实验与模型值较为逼近,可用来真实模拟预测热调节消防服热防护性能。初步得出如下结论。

(1)所选相变材料的熔点对防护效果有重要影响,较高的熔点对应着较低的皮肤升温速率。

(2)高热流环境下,热调节消防服应配置相变温度较高的相变材料,并置放于隔热层的外侧;低热流环境下,热调节消防服应配置相变温度与人体皮肤温度相近的相变材料,并置放于隔热层的内侧(朝向人体皮肤一侧)。

(3)运用于火灾消防服的相变材料不应设置于服装最外层。

第三节 相变微胶囊材料在热防护服上的应用

本节通过对自主设计织造的Outlast腈纶调温面料进行暂时性阻燃整理,然后将其作为热防护服装多层结构中的舒适层,并对多层组合织物的综合热防护性能进行实验性研究,证实了 Outlast 腈纶调温纺织品在热防护服装中的应用可行性。

一、实验选材

采用上海华润纺织有限公司提供的 14.6tex75% outlast 腈纶/25% 抗起球腈纶纱线,织造成斜纹 Outlast 腈纶织物;为了详细分析 Outlast 腈纶织物作为舒适层对多层织物组合热防护性能的影响,外层阻燃层 A1 选用国产芳砜纶,防水层 B1 选用 TPU,隔热层 C1 选用芳砜纶针刺毡,舒适层 D1 选用 Outlast 腈纶织物,舒适层 D2 选用竹浆纤维织物。配伍组合成 A1B1C1D1,A1B1C1D2 两组多层防护面料进行热防护性能测试,各层织物试样基本参数如表 7-3 所示。

其中,Outlast 腈纶织物和竹浆纤维织物先用硼砂、脲、硼酸、JFC 进行暂时性阻燃整理,工艺流程为:浸轧(二浸二轧,轧余率 70%~80%)→烘干(100℃×4min)→焙烘(130℃×4min)。

表 7-3　各层织物试样基本参数

多层织物系统	编号	试样名称	颜色	成分	织物结构	克重（g/m²）	厚度（mm）	经纬密度（根/10cm）
外层	A1	芳砜纶	深蓝	100% PSA	斜纹	224	0.675	184×142
防水	B1	TPU	黄色	TPU 膜	平纹	211	0.287	234×202
隔热层	C1	芳砜纶针刺毡	白色	100% PSA	针刺	236	2.08	—
舒适层	D1	Outlast 腈纶	白色	75% outlast/25% 抗起球腈纶	斜纹	222.9	1.019	390×300
	D2	竹浆纤维	红色	100% 竹浆纤维	针织	160	0.738	—

二、实验测试

实验采用 FPT-30A 火焰防护性能测试仪,按照 ISO 9151 标准进行组合织物的热防护性能测试。实验时该仪器总热流量为 84kW/m²,采用铜片热流计表面温度上升 12℃和 24℃所需要的时间作为评价织物热防护性能的指标。测试原理如图 7-6 所示。

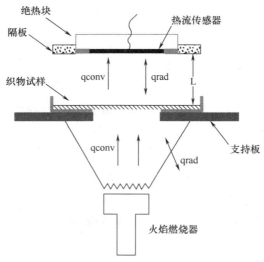

图 7-6　FPT-30A 测试仪器原理示意图

三、实验测试结果及分析

(一)实验结果

实验结果如表 7-4 所示,组合试样 A1B1C1D1,组合试样 A1B1C1D2 燃烧后的表面形态,舒适层 D1 Outlast 腈纶织物的表面形态如图 7-7 所示。

表 7-4　组合试样 A1B1C1D1、A1B1C1D2 的测试结果

组合编号	组合试样	织物厚度（mm）	克重（g/m²）	热防护性指标			透气性（mm/s²）	透湿性[g/(m²·24 h)]
				12℃时间(s)	24℃时间(s)	质量损失率（%）		
1	A1B1C1D1	4.598	950	22.7	28.7	3.76	1.224	271.42
2	A1B1C1D2	4.095	887	19.2	26.7	4.14	1.207	243.34

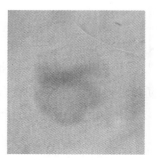

图 7-7　组合试样 A1B1C1D1、组合试样 A1B1C1D2、Outlast 腈纶织物的表面形态

（二）实验结果分析

（1）如图7-7所示 Outlast 腈纶面料作为舒适层,燃烧后并没有明显烧焦现象,Outlast 腈纶纤维内的大分子在150℃时开始发生变化,图7-7所示形态内部结构不可能发生大的改变,保证了相变微胶囊内的 PCMs 不被破坏,起到相变储热的作用,有效的调温调湿延缓二级烧伤时间,避免热应激等危害的发生,能为消防员等作业人员提供强有力的安全保障。

（2）表7-4所示 Outlast 腈纶面料作为舒适层模拟的消防服多层系统的热防护性、透气性、透湿性指标测试结果都优于竹浆面料作为舒适层,可见 Outlast 腈纶调温纺织品应用在热防护服的舒适层大有前景。

（3）Outlast 腈纶织物经硼砂系暂时阻燃处理后效果不太理想,建议将相变材料与阻燃剂共同包裹做成微胶囊,加入腈纶纺丝液进行纺丝,形成相变与阻燃效应协同于一体的 Outlast 腈纶新型纤维,提高 Outlast 腈纶调温纺织品的本质阻燃性能,以便更好地在热防护服中应用。

第四节　形状稳定型相变材料在热防护服上的应用

本节利用形状稳定型 PX35 系列相变材料通过实际操作,设计制作出一件消防调温背心,并通过自主设计实验对其调温性能进行评价。

一、形状稳定型相变调温背心的应用前景

目前市场上含相变材料的调温背心一般采用液体物质填充,蓄能袋大多是水凝胶蓄冷剂,主要有三点不足:一是程序繁琐,使用前须将蓄能袋置入冰箱至完全冻结;二是当穿身上时,由于地球引力的原因,融化后的液态蓄冷剂会下坠,上下分布不均,穿着不舒适,且降温效果很受影响;三是液体蓄冷剂自重较大,导致着装人员行动不便,影响工作效率。

我们设计的消防调温背心采用固体 PX35 系列相变材料,在一定程度上克服了液体相变材料的许多不足。

（1）重量方面,背心重量有所下降,降低了穿着时身体的承重,更符合人体工效学。

（2）材料特性方面,固体相变材料通过合理封装能稳定地附着于内胆内,安全可靠。

（3）结构设计方面，该调温背心采用内胆可拆卸式结构，使用方便，便于维护与保养。

（4）该消防调温背心具有穿着舒适、相变潜热大、反复使用等优点，可以有效地缓解人体在高温环境工作时产生的热应力，提高人体的舒适性。

（5）该消防调温背心具有抗热辐射、防火隔热及降温凉爽的功效，尤其适用于消防、冶炼、铸造及在烈日下工作的人员，使其工作状态更舒适。

二、材料选择

（一）阻燃面料

新乡市景弘印染有限公司提供的优质阻燃棉，具有耐久性阻燃性能，可耐洗 50 次以上，符合国标 GB 8965 - 98《阻燃防护服》要求。

（二）PX35 系列相变材料

PX35 系列相变材料为粉末状相变储能材料，型号为 RUBITHERM PX35，由 RUBITHERM RT 和支撑材料制成。该材料的优势如下。

（1）相变前后维持颗粒状，无液体泄露，无体积改变；适用于各种温度控制领域。

（2）100% 可循环利用，安全无危害。

（3）满足 ≥10000 次的循环测试，品质稳定，无衰减，理论上可使用数十年以上。

PX35 系列相变材料的基本属性如表 7 - 5 所示，形态稳定型相变材料的相变机理如图 7 - 8 所示。

表 7 - 5　PX 35 系列相变材料的基本属性

产品组分	平均粒径（μm）	相变范围（℃）	储能容量（KJ/kg）	比热 W/(m·K)
SiO_2、RT 系列有机相变材料	250	32.5 ~ 35	114	1.6

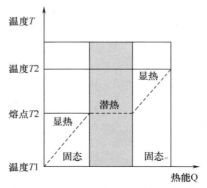

图 7 - 8　固体相变材料的相变机理

三、制作过程

(一)背心款式设计

款式设计方面,调温背心款式特征主要突出便于穿脱、便于携带。参考相关标准,利用计算机绘图软件 CorelDRAW 完成背心款式图绘制,背心款式设计如图 7-9 所示。背心款式特征为无领套头式,且在胸部、腋下加大开口深度。这是因为服装开口部位对人体体温调节有显著影响,在胸部和腋下开口有助于增强衣下空气层与外界环境之间的热湿交换,增加对流和蒸发散热,从而减缓皮肤温度和衣下湿度的上升速度,对人体热湿生理调节起到促进作用,具有较好的着装舒适感。背心前后片在前后肩线处缝合固定,侧缝处开口,采用魔术贴紧固,可调节肥瘦,适用于不同体型的个体穿着。

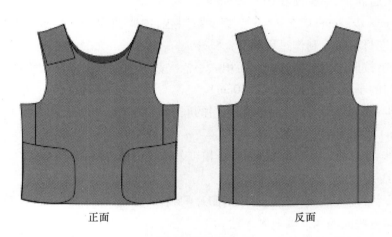

正面　　　　　　　　　　　反面

图 7-9　背心款式图

(二)相变材料封装

为避免运动时固态相变材料下沉堆积,相变材料采用小独立包装。相变材料包的重量、厚度、饱满度对人体穿着舒适性及服装功能性有很关键的影响。一方面,质量轻的相变材料包能有效降低人体负荷量,保证人体穿着舒适性;另一方面,过轻的相变材料起不到应有的作用。参考文献[228]作者的论文,含 PCM 的"三明治"式夹层结构相变材料的密度 $200g/m^2$ 进行计算,按照设计区面积制作一定数量的边长为 $2cm \times 2cm$ 的小正方形袋子(类似立体盒装结构,如图 7-10 所示),一边开口;再将 0.6g 相变材料封装于小正方形袋子内,称量后用手缝针采用锁边缝法把开口处固定好,保证相变材料不会渗漏。

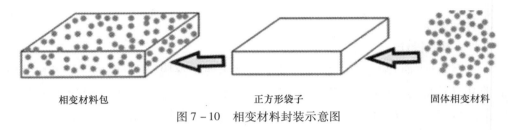

相变材料包　　　　　　　正方形袋子　　　　　　固体相变材料

图7-10　相变材料封装示意图

(三)制作可拆卸相变材料内胆片

由于填充固体粉末后的相变材料包具有一定的厚度,因此内胆片在相变材料包的基础上应适当增加松量,使得相变材料包恰好能装入内胆片。内胆中每个相变材料包需要的空间为水平方向2.35cm,竖直方向为2.40cm(便于缝纫加工)。确定三种型号的内胆面积,内胆面积(11.75cm×16.8cm)填充5×7个相变材料包,内胆面积(16.45cm×19.2cm)填充7×8个相变材料包,内胆面积(23.5cm×16.8cm)填充7×10个相变材料包。制作过程如下:

第一步:按照不同规格的内胆面积大小依次裁剪面积相同的两块裁片,并在面料上绘制均匀的小格子(2.35cm×2.40cm)。

第二步:使用平缝机将上下两层面料的底边和两侧缝合固定,再沿竖直方向等间距(2.35cm)平缝固定。

第三步:依次放入一排封装后的相变材料包,沿水平方向缝制一条等间距(2.40cm)线迹,以固定相变材料包。

第四步:重复上述操作完成每个内胆片的制作,如图7-11所示。最后须在每个内胆片远离皮肤面的四周缝上魔术贴。

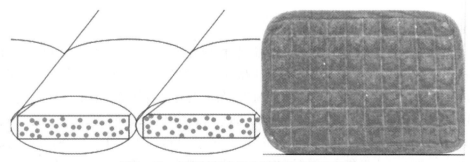

图7-11　相变材料内胆片制作示意图及实物

(四)制作背心载体

背心载体的制作工艺相对于内胆较简单些,依照结构制图裁剪布料,缝制时先将魔术贴的一面缝合于背心靠近皮肤的一侧（固定位置与内胆片上对应），其余部位的缝制工艺按基本工艺流程操作。

（五）相变背心成品

相变调温背心内部效果如图 7 – 12 所示；相变调温背心外观效果如图 7 – 13 所示。

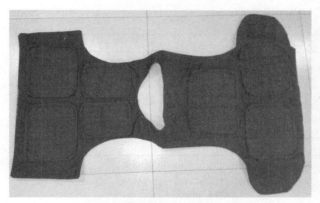

图 7 – 12　相变调温背心内部效果图

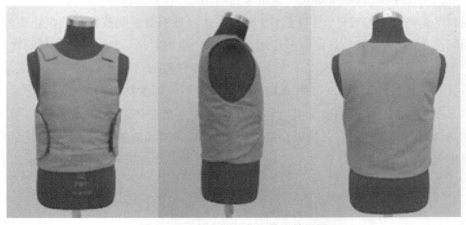

图 7 – 13　相变调温背心外观效果图

四、实验设计与结果分析

（一）自主实验设计

参考 Q/SSNK 9 – 2007《消防员降温背心》的要求，自主设计实验进行评价。实验过程如下:将烘箱加热到50℃稳定后,分别将自制的含将相变材料的调温背心和不含相变材料的消防背心放入烘箱30min,待30min后取出,用红外热像仪每间隔1min拍一次,记录数据平均值,直至背心降至室温。

(二)实验结果与分析

含将相变材料调温背心和不含相变材料消防背心的步冷实验趋势如图7－14所示。

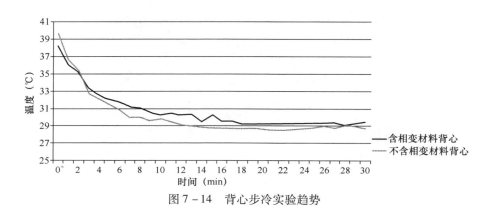

图7－14　背心步冷实验趋势

如图7－14所示,刚从烘箱里拿出来的前3min,含相变材料的调温背心比不含相变材料的消防背心温度低,说明了相变材料在比自身相变温度范围高的烘箱中,能有效阻隔热量入侵,起到较好的防护作用,维持内环境的舒适。3min后,自制的含相变材料的调温背心温度降温速度一直小于不含相变材料的消防背心的降温速度,这意味着含相变材料的调温背心的冷却时间显著长于不含相变材料的背心。因为相变材料具有在一定相变范围内改变其物理状态的能力。在加热过程中,相变材料吸收大量的热,转化为相变潜热,并加以存储;当相变材料周围温度降低时,储存的热量在一定温度范围内又散发到了周围的环境中。从以上两方面都证实了相变材料应用在热防护装备上具有智能调温作用。

第五节　本章小结

本章第一节综述国内外将相变材料应用于热功能防护服的研究现状,指出防护服的应用研究主要集中在两个方面;阐述了热功能防护服中所采用的石蜡类相变材料封装方法及阻燃处理种类,分析了相变材料抑制热功能防护服层内温度突变的可行性;基于以上分析,研述了将相变材料应用于消防服等热功能防护服上跳出简单封装和线性叠加等表面性问题,深入到热防护性能和人体热舒适性能两个角度全盘考虑,合理选择相变材料的相变温度阈值及在服装层的内配置方式将会有新突破;然后根据多层防护服的传热特性,笔者构建了含相变材料层的多层热调节消防服装传热模型,研究了基于模型法的相变材料在多层防护服内的配置方式问题,并按照模型的受热边界条件搭建消防服防护性能测试装置,对模型进行了实验验证,证实了该模型能较真实的模拟预测热调节消防服的热防护性能,并得出了一系列实用性的结论,推动了该领域的研究进展。第三节阐述了自主设计织造的Outlast腈纶调温面料在多层结构热防护服装中的实验应用研究过程及可行性分析。第四节公开了利用形状稳定型PX35系列相变材料,自主设计制作消防调温背心的技术流程,并设计实验对其调温性能进行了肯定评价。

参考文献

[228]朱方龙,樊建彬,冯倩倩,周宇. 相变材料在消防服中的应用及可行性分析[J]. 纺织学报,2014. 35(8):124 – 132.

[229]张海霞,张喜昌,许瑞超. Outlast黏胶纤维的结构和调温性能[J]. 纺织学报,2012,33(2):6 – 9,15.

[230]韩增旺,唐世君,赖军. 国内外冷却服的发展现状及关键技术[J]. 中国个体防护装备,2009,4:11 – 14.

[231]CHOU C,TOCHIHARA Y,KIM T,et al. Physiological and subjective responses to cooling devices on firefighting protective clothing [J]. European Journal of Applied Physiology,2008,104(2):369 – 374.

[232]SMOLANDER J,KUKLANE K,GAVHED D,et al. Effectiveness of a light – weight ice – vest for body cooling while wearing fire fighter's protective clothing in the heat [J]. International Journal of Occupational Safety and Ergonomics, 2004, 10 (2):111 – 117.

[233]柳素燕,谢春龙,杜希. 降温背心在降低消防员热应激上的应用研究[C]//. 中国消防协会科学技术年会论文集(上). 广州:中国消防协会,2012:44 – 49.

[234]CARTER J M,RAYSON M P,WILKINSON D M,et al. Strategies to combat heat strain during and after fighting [J]. Journal of Thermal Biology,2007,32(2):109 – 116.

[235]朱颖心,张寅平,周翔等.一种相变材料降温服.CN200420009830.2[P].2005 – 11 – 30.

[236]Gao C S,KUKLANE K,HOLMER I. Cooling vests with phase change materials:the effect of melting temperature on heat strain alleviation in an extremely hot enviroment [J]. European Journal of Applied Physiology ,2011,111:1207 – 1216.

[237]鄢瑛,张会平.配有制冷背心的隔绝式防护服的传热模型[J].华南理工大学学报(自然科学版),2010,38(8):17 – 21.

[238]BARTKOWIAK G,DABROWSKA A,MARSZALEK A. Analysis of thermoregulation properties of PCM garments on the basis of ergonomic tests [J]. Textile Research Journal,2013,83(2):148 – 159.

[239]ROSSI R M,BOLLI W. Phase change materials for improvement of heat protection[J]. Advanced Engineering Materials,2005,7(5):368 – 373.

[240]叶宏,张云鹏,葛新石.相变防护服的数值研究[J].中国科学技术大学学报,2005,35(4):538 – 543.

[241]MERCER G N,SIDHU H S. Mathematical modelling of the effect of fire exposure on anew type of protective clothing[J]. ANZIAM J. 2008,49:C289 – C305.

[242]朱方龙.附加相变材料层的热防护服装传热数值模拟[J].应用基础与工程科学学报,2011,19(4):635 – 643.

[243]MCCARTHY L K,MARZO M D. The application of phase change material in fire fighter protective clothing [J]. Fire Technology,2012,48:841 – 864.

[244]HU Y,HUANG DM,et al. Modeling thermal insulation of firefighter protective clothing embedded with phase change material [J]. Heat and Mass Transfer,2013,49:567 – 573.

[245]BUHLER M,POPA A M,et al. Heat protection by different phase change materials [J]. Applied Thermal Engineering,2013,54:359 – 364.

[246]曾翠化,张仁元.无机水合盐相变潜热材料的过冷性研究[J].能源研究与信息,2005,21(1):44 – 49.

[247]徐云龙,刘栋.六水氯化钙相变材料过冷性质的研究[J].材料工程,2006,增刊,218 – 221.

[248]刘欣,徐涛,高学农等.十水硫酸钠的过冷与相分离研究[J].化工进展,2011,30:755 – 758.

[249]李建立,薛平,丁文赢等.定型相变材料研究现状[J].化工进展,2007,

26:1425 – 1428.

[250]SITTISART P, FARID M M. Fire retardants for phase change materials [J]. Applied Energy,2011,88:3140 – 3145.

[251]CAI YB, HU Y, SONG L, KONG QH, et al. Preparation and flammability of high density polyethylene/paraffin/organophilic montmorillonite hybrids as a form stable phase change material[J]. Energy Conversion and Management,2007,48:462 – 9.

[252]CAI YB, WEI QF, HUANG FL, GAO WD. Preparation and properties studies of halogenfree flame retardant form – stable phase change materials based on paraffin/high density polyethylene composites [J]. Applied Energy,2008;85:765 – 75.9.

[253]FANG GY,LI H,CHEN Z,LIU X. Preparation and characerization of flame retartant n – hexadecane/silicon dioxide composite as thermal energy storage materials [J]. Journal of Hazadous Materials. 2010,181:1004 – 1009.

[254]LIU X, LIU HY, WANG SJ, et al. Preparation and thermal properties of form stable paraffin phase change material encapsulation [J]. Energy Conversion and Management,2006,47(15 – 16):2515 – 2522.

[255]高腾. 阻燃相变微胶囊的制备及织物中应用研究[D]. 青岛:青岛大学硕士论文,2006:37 – 43.

[256]朱方龙,李克兢. 一种消防服用阻燃相变隔热层织物制备方法. CN:201010233816.0[P]. 2010 – 7 – 22.

[257]HITTLE DC,ANDRE TL. A new test instrument and procedure for evaluation of fabrics containing phase change material [J]. ASHRAE Transactions:Research,2002,180(1):175 – 182.

[258]NUCKOLS ML. Analytical modeling of a diver dry suit enhanced with micro – encapsulated phase change materials [J]. Ocean Engineering,1999,26:547 – 564.

[259]由明,王学晨,蒋布诺等. 添加相变材料微胶囊的聚氨酯泡沫制备及表征[J]. 化工新型材料,2007 35(10):53 – 55.

[260]TORVI DA,DALE JD. A finite element model of skin subjected to a flash fire [J]. Journal of Biomechanical Engineering,1994,116:250 – 255.

[261]Foster JA,ROBERTS GV. Measurements of the firefighting environment – summary report [J]. Fire Engineers,1995,55:30 – 34.

[262]施楣梧,张燕. PCM 在智能保温服装上应用的可能性和后续研究重点[J]. 济南纺织化纤科技,2006,3:16 – 19.

[263]李凤志,吴成云,李毅. 附加相变微胶囊多孔织物热湿传递模型研究[J]. 大连理工大学学报,2008,48(2):162－167.

[264]ZHANG XX,FANG YF,TAO XM,et al. Crystallization and prevention of super-cooling of microencapsulated n－alkanes[J]. Journal of Colloid and Interface Science, 2005,281(2):299－306.

[265]张东,周剑敏,吴科如. 相变储能材料的相变过程温度模型[J]. 同济大学学报(自然科学版),2006,34(7):928－932.

[266]SONG GW,CAO W,GHOLAMREZA F,Analyzing stored thermal energy and thermal protective performance of clothing[J]. Textile Research Journal,2011,81(11): 1124－1138.

[267]SONG GW and BARKER RL. Analyzing thermal stored energy and clothing thermal protective performance[C]//. Proceedings of 4th International Conference on Safety & Protective Fabrics. Pittsburgh PA, Industrial Fabrics Association International, 2004:PP. 26 － 27.

[268]KEISER C,BECKER C,ROSSI RM. Moisture transport and absorbtion in multi-layer protective clothing fabrics[J]. Textile Research Journal,2008,78(7):604－613.

[269]BARKER RL,SCHACHER CG,GRIMES RV,HAMOUDA H. Effects of moisture on the thermal protective performance of firefighter protective clothing in low－level radia nt heat exposures[J]. Textile Research Journal,2006,76(1):27－31.

[270]冯倩倩,朱方龙,杨凯. Outlast 腈纶调温纺织品在消防服中的应用[J]. 中国个体防护装备,2013(6):11－15.

[271]张兴祥,朱民儒. 新型保温、调温功能纤维和纺织品[J]. 产业用纺织品, 1996,14(5):4－7.

[272]李凤志,吴成云,李毅. 相变微胶囊半径及含量对织物热湿性能影响数值研究[J]. 应用基础与工程科学学报,2008,16(5):671－678.

[273]李桦,马晓光,张晓林,夏少白,汤铸先. 相变材料的复合及其调温纺织品[J]. 纺织学报,2007,28(1):68－72,80.

[274]ZHU Fanglong, ZHANG Weiyuan. Heat transfer in a cylinder sheathed by flame－resistant fabrics exposed to convective and radiant heat flux[J]. Fire Safety Journal,2008,43(6):401－409.

[275]Pennes H. H. ,Analysis of tissue and arterial blood temperatures in resting human forearm[J]. Applied Physiology,Vol. 1,No. 2,1948:93－122.

［276］Patankar S. V. Numerical heat transfer and fluid flow［M］. Taylor & Francis, 1980:236.

［277］朱方龙,张渭源. 基于人体皮肤热模型的热防护服评价方法研究［J］. 中国安全科学学报,2007,17(11):134 – 140.

［278］张富丽. 微胶囊相变材料在防护服装上的应用［J］. 中国个体防护装备, 2002,6:18 – 19.

［279］张海峰,葛新石,叶宏. 相变微胶囊的蓄放热特性分析［J］. 太阳能学报, 2005,26(6):825 – 830.

［280］ZHU Fanglong,MA Suqin,ZHANG Weiyuan. Study of skin model and geometry effects on thermal performance of thermal protective fabrics［J］. Heat and Mass Transfer, 2008,45(1):99 – 105.

［281］F. C. Henriques Jr. ,Studied of thermal injuries V. The predictability and the significance of thermally induced rate processes leading to irreversible epidermal injury ［J］. Arch. Pathol,1947,43:489 – 502.

［282］张东,周剑敏,吴科如. 相变储能材料的相变过程温度模型［J］. 同济大学学报,2006,(34)7:928 – 932.

［283］赵雪曼,丁丽. Outlast 腈纶纤维的调温性及其纱线的耐高温性研究［J］. 上海纺织科技,2010,38(4):46 – 48.

［284］张向辉,李俊,王云仪. 服装开口部位对着装热舒适性的影响［J］. 东华大学学报(自然科学版),2012.38(2):191 – 195.